挑選×清潔×修護×收納
日本養鞋達人獨家傳授！

一流の養鞋術

安富好雄◎監修

NHK出版◎授權

Contents

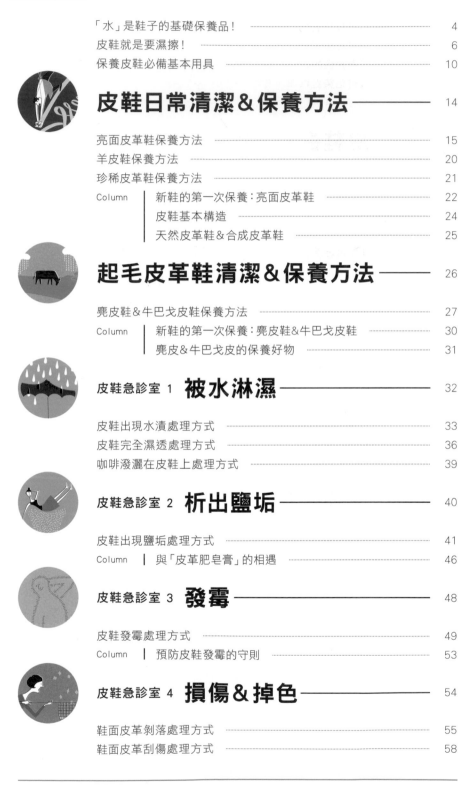

「水」是鞋子的基礎保養品！

水，讓皮鞋容光煥發

相信不少人一定聽過「皮鞋怕水」的說法，不論是親朋好友，還是鞋店老闆，眾人口耳相傳，幾乎只要提到皮鞋的保養就會提到這一點，以致於大家對這樣的說法深信不疑。問題是，皮鞋的材料取自於動物的皮革，而動物的皮和人類的皮膚一樣都需要水分！所以，事實上，皮革怕乾，保養皮鞋不能缺少「水」。

清潔皮鞋時，如果不使用水除去污漬，以人類作為比喻，就是不洗臉卻希望皮膚變乾淨——很荒唐，對不對？對於皮革而言，水不是敵人，而是強而有力的好夥伴！

平常固定會穿的皮鞋，清潔時請使用濕毛巾擦拭，如此一來能夠讓皮革增添光澤，看起來光滑亮麗。對於缺乏保養而變得乾巴巴的皮鞋而言，這種方法的清潔效果特別顯著。

人體中據說有60％以上都是水分，地球上的動植物也都必須依靠足量的水才能維持生命。從遠古時期以來，所有的生物都源自於海洋，也就是「沒有水就活不下去」是一件理所當然的事！

當人們終於明白「皮革和水是好朋友」之後，一定會進一步察覺到皮鞋的各種優點，相信將會有更多人喜歡上皮鞋。

安富好雄

保養皮鞋的第一步：毛巾泡水濕濕，輕輕擰掉一些水分，以濕毛巾擦拭皮鞋。清理乾淨的皮鞋會漂亮得讓人大吃一驚喔！

皮鞋就是要濕擦！

「水」是地表上
洗淨力最強的清潔劑

在眾多液體當中，「水」的包容性最大，能夠溶解各式各樣的物質。我們洗臉、洗澡的時候，就是利用水的這一個優秀特質，將髒污溶解後沖掉，強大的洗淨力會讓人們頓時覺得相當舒適。除了外在的灰塵和污垢，人體分泌的汗水和油脂也能被水沖掉，就連鳥兒們都懂得泡在小水窪裡，拍動翅膀以清潔自己——由此可知野生動物也懂得利用水的清潔力。只要下雨，森林和城鎮的髒污都會被水沖刷、洗淨，因而變得相當乾淨。簡單地說，水是「地表上最厲害的清潔劑」。

水的清潔效能如此優異，長久以來卻沒有被應用在皮鞋上。其實，不論是污漬還是鹽垢、發霉，這些皮鞋會有的狀況全部都可以利用「水」來解決。水絕對不是皮鞋的敵人，它是皮鞋的貼心好夥伴。請開始把水當成是保養皮鞋的強力幫手吧！

皮革就和人類肌膚一樣，
要先洗乾淨再保養

　　請想一想，人類是怎麼保養肌膚的呢？相信很多人都已經很有概念，基礎的步驟就是：先洗臉除去化妝品和污垢，再依序使用化妝水→乳液→面霜進行保養。如果沒有把髒污清除乾淨，化妝水就無法充分滋潤皮膚，保養效果就會大打折扣。

　　皮革以動物的皮膚製成，和人類的皮膚有著一樣的特質。鞋子外面保護腳掌免於風吹日曬，鞋子裡面則是吸收了腳部的大量汗水，所以鞋子不但容易藏污納垢，也很容易滋生細菌。一般人通常只會把皮鞋的表面擦得亮晶晶，卻任由鞋子裡面的髒污持續累積，如此一來，皮鞋根本毫無保養可言。皮鞋和人一樣，一定要先洗乾淨再保養。

沾到一點兒水才會形成水漬，
如果徹底弄濕就不會了

　　皮鞋被雨淋到而濕掉的時候，打濕的部分顏色會變深，皮革也
會變硬，因此才會產生水漬，這就是所謂的「雨水痕」。不過，前
面已經說過，皮革需要適當的水分，因此「水漬」對於皮鞋而言，
完全不構成問題。當皮鞋淋到水，只要把鞋子進一步整個弄濕，讓
鞋子沒有乾濕之分就可以了。

　　之所以會有醒目的水漬，是因為只有一部分的皮革濕掉，如果
整隻鞋子都打濕，就不會形成水漬了。

白色粉末來自於「人體的鹽分」，
發霉是因為鞋子很營養（髒）──
只要把鞋子洗乾淨就好了

　　被雨水打濕的鞋子乾掉之後，鞋面有時會滲出一層白色粉末，有的人一看到這種現象，就不分青紅皂白地怒罵：「這鞋子品質很差！」但是，本書的監修者安富好雄先生卻會老神在在地說：「這真是個好現象。」

　　「白色粉末其實是人體汗水中的鹽分，只有鞋子濕了才會滲透出來。下雨天穿皮鞋是正確的，因為皮鞋會產生鹽析作用，鞋子裡就會變得乾淨。」安富好雄先生的話直接講到了重點。而想要除去鞋面上的這一層鹽垢，水就擔任著相當重要的角色。只要搭配皮革專用肥皂，再以濕布仔細擦拭，就能把鞋子整理得很乾淨。

　　如果鞋子發霉也不必擔心。發霉現象有三個必備條件要同時存在，那就是「高溫」、「潮濕」、「營養」，鞋子也不例外。為了防止鞋子發霉，只要把「營養」，也就是髒污除去即可。使用者放任皮鞋骯髒才是導致鞋子發霉的主要原因，千萬不要誤以為水是兇手。

保養皮鞋必備 基本用具

當你擁有一雙新皮鞋，
最好就準備一個保養工具箱，
備齊所有的用具，適時進行清潔與保養。

水

以濕擦的方式去污，不僅可
以清潔，還能為皮革增添光
澤。

布

依濕擦和乾擦兩種用途，分別準
備幾塊乾淨的布。除了毛巾，也
可以將舊T恤剪成小塊布來使用。

塗布刷

準備小刷子就可以了，主要
用來塗抹鞋油。不同顏色的
鞋油各自準備一把專用刷，
不要混用。

鞋刷

可以用來去除泥土和灰塵，
也能用來塗抹鞋油。不同顏
色的鞋油各自準備兩把刷
子，使用上比較方便。建議選
用硬豬鬃毛刷。

麂皮&
牛巴戈皮專用刷

麂皮或牛巴戈皮製成的皮鞋必
須使用專用的清潔刷。可以選
用一體成形的尼龍刷或橡膠刷
（圖片上方），也可選用黃銅
刷毛和尼龍刷毛組合而成的金
屬刷（圖片下方）。

清潔與保養皮鞋最常使用的
工具就是刷子，可以去除污
垢和灰塵，還可以均勻抹開
鞋油。皮鞋有不同的材質和
色澤，常見的是黑色、咖啡
色，每一種顏色的鞋子都要
準備各自專用的刷子。

皮鞋清潔劑

亮面皮革鞋專用，主要用來清除污漬和老舊的鞋油。可以去除雨水等液體所造成的水漬，也能徹底清除污垢。

皮革肥皂膏（Saddle Soap）

皮革製品專用的清潔肥皂。當皮鞋表面析出鹽垢，或髒污程度比較嚴重的時候，建議使用肥皂膏清潔。鞋子穿久了會有皺摺，也會變形，進行保養時可搭配鞋撐一併使用。肥皂膏可以補充皮革的油脂，幫助皮革變得柔軟。

乳化型鞋油

以水、油脂、蠟為主要成分，這種鞋油具有保濕作用，可以保護皮革、增添光澤，著色度也很優異。除了瓶裝、罐裝之外，還有軟管裝。請配合皮鞋的顏色購買，但是顏色不一定要和鞋子完全一樣。

無蠟的乳化型鞋油

這種鞋油不含蠟的成分，質地相當清爽，可以為皮鞋補充水分和油脂。適用於羊皮、鞣製皮革、珍稀皮革（Exotic Leather）等。

鞋蠟（鏡面蠟）

以蠟和油脂為主要成分，不但可以增添皮革光澤，防水效果也很優異。建議配合鞋油一起使用。

防水噴霧劑

可以預防水漬的形成，適合於鞋子保養之後噴灑。使用時請注意空氣的流通，應在戶外或是通風良好的地方噴灑。

除菌消臭噴霧劑

鞋子專用的清新噴霧劑，可以去除會造成鞋子發臭的細菌，還能抑制會導致發霉的菌種滋生，具有防霉效果。當鞋子長時間不會穿到，收納之前建議使用這種噴霧劑進行保養。也可改以廚房用的酒精除菌劑代替。

皮革修復油

可以修復亮面皮革製品的刮傷，包括皮鞋、皮包等。包裝外觀就像市售的指甲油，蓋頂附有刷毛。建議配合皮鞋的顏色挑選修復油的顏色。

麂皮＆牛巴戈皮專用防水噴霧劑

麂皮＆牛巴戈皮專用的無色防水噴霧劑。除了具有防水效果，還能維護起毛皮革獨特的滑順感和光澤。

麂皮＆牛巴戈皮專用補色劑

可以修復掉色的皮革，進行翻新、補色。也有噴霧型的產品，但是建議使用液態的補色劑，皮革比較能快速吸收，使用上也比較方便。將補色劑倒在海綿上，再以海綿將補色劑塗抹在皮革上即可。建議配合皮鞋的顏色挑選補色劑。

漆皮清潔油

漆皮專用的潤滑型鞋油，可以去除漆皮上的髒污，並增添色澤。只要定期使用，就能預防灰塵和龜裂。

皮鞋 日常清潔＆保養方法

皮 鞋就算碰到水也沒關係！現在就將自己平常穿的皮鞋拿來測試看看吧！以濕布擦去皮鞋上的髒污之後，配合鞋子的髒污程度，選擇相應的保養手續。鞋子很髒的時候，請特別細心處理，如果並不太髒，簡單清潔即可。

亮面皮革鞋 保養方法

亮面皮革鞋表面帶有光澤，是最常見的皮鞋，
認識這種皮鞋的全套基本保養法之後，
請一個月一次，依照方法進行清潔與保養。

外出回家之後，視髒污程度進行清潔與保
養。如果沒時間，可以暫時以刷子或乾布擦
拭一下。

準備用具

◎ 水
◎ 布（依用途所需準備數塊布）
◎ 鞋刷
◎ 衛生筷
◎ 皮鞋清潔劑
◎ 塗布刷
◎ 乳化型鞋油
◎ 鞋蠟（鏡面蠟）
◎ 防水噴霧劑

Step 1 ─ 濕擦皮鞋，去除灰塵

① 為了方便清潔，如果有鞋帶，先將鞋帶取下。

② 如果想去除鞋底的髒污，一開始先以鬃刷去除鞋底的泥巴、污垢。

★③ 以硬毛的鞋刷去除鞋子表面的灰塵與污垢。

★④ 布泡水之後，輕輕擰掉一些水分。不必用力擰乾，讓擦拭用的布保留多一點兒的水分。

如果鞋子不太髒，可以直接執行有★記號的步驟即可。

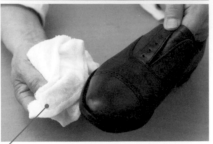
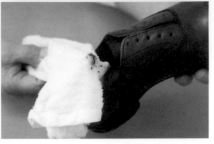

擦拭皮鞋時，布面上
會有染色，那是舊鞋
油，不必在意。

★ ⑤ 直接以濕布擦拭皮鞋表面，
直到整隻皮鞋的顏色因為沾
濕而變深。如果有遺漏的地
方，周圍就會形成水漬，必
須特別留意。刷子刷不掉的
污垢，試著以濕布擦掉。

⑥ 鞋子裡面也會藏污納垢，請
以乾淨的濕布擦拭。特別是
鞋後跟的部位，請仔細擦拭
乾淨。

⑦ 以濕布包住衛生筷，伸到鞋
子裡擦拭鞋頭部位的髒污。

★ ⑧ 以濕布擦拭過皮鞋之後，因為
補充了水分，皮革就顯得熠熠
生輝。剛擦拭好的皮鞋請避免
陽光直曬，放在通風良好的地
方，讓鞋子自然乾燥。如果直
接曝曬在陽光下，皮革會因為
急遽乾燥而變硬或縮水，請務
必小心。

Step 2 — 以清潔劑除去污漬，並塗抹鞋油

皮鞋清潔劑是具有延展性的液態清潔劑，使用起來很方便。

稍微用力擦拭，皮鞋上的老舊鞋油就會掉落。

① 皮鞋乾燥之後，以乾布沾取皮鞋清潔劑，均勻塗抹在鞋面上。清潔劑可以輕鬆地去除濕布擦不乾淨的污垢。鞋背和接縫處比較容易累積鞋油，請仔細擦拭。如果沒有皮鞋清潔劑，也可以單獨使用濕布擦拭。

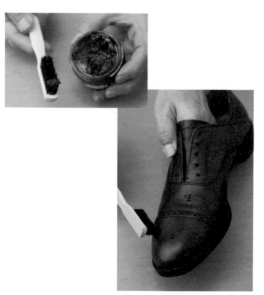

鞋身和鞋底之間的接合面也要塗抹鞋油。

② 以塗布刷沾取鞋油，鞋油量約小指尖大小即可。以塗布刷在鞋面各處點上鞋油。

③ 以塗布刷將鞋油均勻刷開。由於稍後還會以鞋刷將鞋油刷開，只要大致塗抹即可。鞋背因為每次走路都會彎曲，受損的程度最大，所以請塗抹多一點兒鞋油。

如果鞋子不太髒，可以直接執行有★記號的步驟即可。

以乾布擦拭鞋面，
擦到布面上幾乎不
會沾附鞋油的顏色
為止。

④ 以硬毛的鞋刷將鞋油刷開，
讓整個鞋面都充分地吸收到
鞋油。輕巧地推動刷毛的前
端，不要使用蠻力硬刷。

⑤ 準備一塊乾淨的布，擦拭皮
鞋表面，把多餘的鞋油擦
掉。如果鞋油塗得太厚，會
導致皮革表面的透氣性變
差，鞋油硬掉後也很容易產
生皸裂。

Step

3 上蠟拋光，
完成基礎保養

① 如果希望皮鞋能夠呈現出光
澤感，可以為皮鞋上蠟拋
光。取一塊乾淨的布，沾取
適量鞋蠟。

② 可以整個鞋面都上蠟，但是
建議上蠟的部位集中在鞋頭
蓋、沿條（鞋身與鞋底的交
接處）、鞋腰三處，如此一
來會更具效果。

★③ 噴上防水噴霧劑，並將鞋子放在通風處自然乾燥。噴上防水噴霧劑之後。鞋子比較不容易變髒。這一個步驟請在戶外或是通風良好的場所進行。

④ 把鞋帶穿回皮鞋上，繫好鞋帶後保養工作即完成。如果有鞋撐（參閱P.69），請放進皮鞋裡。

Point ———————————————————————— **拋光的要訣** —

如果希望擁有一雙亮晶晶的皮鞋，就在想呈現出光澤的部位上塗抹鏡面蠟，放置約一分鐘後滴一滴水，以乾布擦拭即可。由於皮革飽含水分而變得柔軟，擦拭後就會顯得平滑、有亮澤。

Point —— **鞋跟的保養** —

有些皮鞋的鞋底也是皮革製成，同樣需要清潔與保養。

① 以塗布刷沾取鞋蠟。

② 在鞋跟上塗抹鞋蠟。

③ 以鞋刷將鞋蠟刷開，鞋蠟容易卡在縫隙裡，請注意。

④ 以乾布擦拭即完成。

如果鞋子不太髒，可以直接執行有★記號的步驟即可。

羊皮鞋 保養方法

柔軟的羊皮也屬於亮面皮革。
羊皮的毛孔比較大，水分容易滲入。

羊皮鞋的觸感很柔軟，頗受歡迎，經常用來製作女鞋。

準備用具

◎ 水
◎ 布（依用途所需準備數塊布）
◎ 無蠟的乳化型鞋油
◎ 防水噴霧劑

無蠟的乳化型鞋油不含蠟的成分，質感比較清爽，最適合用來保養羊皮、鞣製皮革、珍稀皮革（Exotic Leather）等皮製品。

① 以濕布濕擦整隻鞋子，水分會立即滲透到羊皮中。將擦好的鞋子置於陰涼處，使其自然乾燥。

② 以乾布沾取無蠟的乳化型鞋油，均勻塗在羊皮鞋面上。鞋跟也要塗抹。

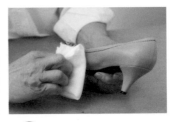

③ 塗上無蠟的乳化型鞋油之後，再以乾布乾擦整個鞋面。

④ 在戶外或通風良好的地方使用防水噴霧劑，將鞋子放在通風處自然乾燥。

⑤ 保養工作完成。鞋頭的漆皮部分只要乾擦即可。

珍稀皮革鞋 保養方法

蛇、蜥蜴、鱷魚等爬蟲類的皮被稱為珍稀皮革（Exotic Leather）。
本單元以鱷魚皮鞋為例，介紹使用無蠟乳化型鞋油的保養方法。

鱷魚皮最重視的就是光澤。在保養之前，請先塗抹皮鞋清潔劑和無蠟的乳化型鞋油，確認皮鞋的光澤是否消失，若是皮鞋黯淡無光，請先濕擦。

準備用具

◎　水
◎　布（依用途所需準備數塊布）
◎　皮鞋清潔劑
◎　無蠟的乳化型鞋油

1 解下鞋帶之後，以濕布擦拭鞋子。擦拭後的鞋子自然乾燥。

2 以乾布沾取皮鞋清潔劑，擦拭整隻鞋子，去除濕擦時無法擦乾淨的污垢。

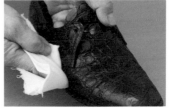

3 以新布沾取無蠟的乳化型鞋油，均勻塗抹整隻鞋子。

※含蠟的鞋油（鞋蠟等）不適用於珍稀皮革，否則帶有紋路的鞋面會卡垢，皮革的光澤會變得黯淡。

4 以乾布乾擦已塗抹鞋油的皮鞋表面。

5 保養工作完成。由於有些珍稀皮革使用防水噴霧劑會消光，所以也可以不使用防水噴霧劑。

(亮面皮革鞋)

新皮鞋的表面會有加工用的輔助劑、灰塵和手垢等，
而且皮鞋從製造到販售之間的時間很長，皮革已經很乾燥，
所以穿新皮鞋之前要先除去髒污，
並以乳化型鞋油充分給予水分。

準備用具

◎ 皮鞋清潔劑
◎ 布
　（依用途所需準備數塊布）
◎ 乳化型鞋油
◎ 防水噴霧劑

可以選擇水分含量高的
無色鞋油，也可以配合
皮革的顏色，選用黑色
或咖啡色的鞋油。

1 以乾布沾取皮鞋清潔
劑，並塗抹皮鞋的整個
表面，不但可以去除污
垢，也可以稍微為皮革
補充水分。

2 以另一塊乾布沾取鞋
油（示範的是無色鞋
油），塗抹皮鞋表面以
補充水分，接著再乾擦
一遍。

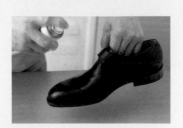

3 在戶外或通風良好的地
方噴上防水噴霧劑。
※如果沒有先除去污垢和補
充水分就直接噴上防水噴霧
劑，皮革會持續處於乾燥的
狀況。賣場上那些亮面皮革
鞋總是展現迷人的亮澤，這
些皮鞋在製作時會進行防水
加工，其成分和有些防水噴
霧劑恐不相合，還請注意！

4 鞋子充分乾燥後即可穿
著。即使是新鞋也很需
要保養，補充水分後看
起來就是閃閃動人。

鞋撐可以讓皮鞋經久耐用，除
了能夠讓已經變形的皮鞋恢復
形狀，還能夠撫平因長期穿著
所造成的皺摺（參閱P.69）。

皮鞋有各種製造方法，
本單元介紹最常見的紳士鞋構造。

皮鞋的構造&
必須掌握的保養要訣

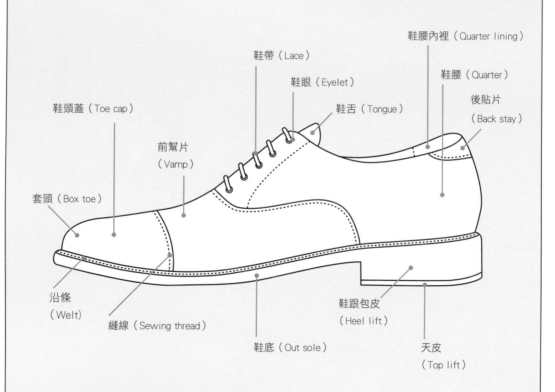

鞋腰內裡（Quarter lining）

鞋帶（Lace）

鞋眼（Eyelet）

鞋腰（Quarter）

鞋舌（Tongue）

後貼片
（Back stay）

鞋頭蓋（Toe cap）

前幫片
（Vamp）

套頭（Box toe）

沿條
（Welt）

縫線（Sewing thread）

鞋跟包皮
（Heel lift）

鞋底（Out sole）

天皮
（Top lift）

　　保養皮鞋的時候，必須先將鞋帶取下，雖然有點兒麻煩，但是這樣會比較方便進行清潔與保養。鞋底（Out sole）的材質主要分為天然皮革與橡膠兩種。天然皮革在下雨時容易打滑，如果害怕跌倒，建議事先在底部貼一片橡膠。如果鞋底髒污，一開始要以鬃刷刷去泥土。沿條（Welt）的部分容易藏污納垢，建議先使用鞋刷細心地清潔乾淨。前幫片（Vamp）每次走路時都會彎曲，這個部位最容易受傷，保養時請多塗一些鞋油。

　　如果要彰顯皮鞋的光澤，拋光時可以將鞋蠟集中塗抹在鞋頭蓋（Toe cap）、鞋腰（Quarter）、沿條（Welt）這三處，拋光後的效果會比整隻鞋都上蠟來得好。

皮鞋依材質大致可分為兩大類，
一種是使用動物皮所製成的天然皮革鞋，
一種是以人工合成皮所製成的合成皮革鞋。
你知道要如何分辨嗎？

檢查表面的皺摺

如果是天然皮革，按壓表面時，皮革會產生紋理細緻的皺摺。

如果是合成皮革，按壓表面時，皮革並不會產生皺摺。

本書介紹的皮鞋保養方法，主要是針對動物皮所製成的天然皮革鞋。

如果選購的是合成皮革鞋，因為皮鞋的材質不屬於天然皮革，因此不需要補充水分，保養方法請另見P.85。

人工合成皮的製作方式主要是在布料上塗抹各種化學塗層，包括聚氨酯或聚氯乙烯樹脂等，外觀乍看之下和天然皮革很像，如果沒有仔細分辨，很容易誤以為是天然皮革，所以購買前請務必掌握分辨的方法。

這些皮鞋不能以太濕的布擦拭！

合成皮革鞋如果像天然皮革鞋一樣，以飽含水分的濕布清洗，皮面會快速劣化。清潔時，請避免以高濕度的布擦拭（詳細說明參閱P.85）。

有些天然皮革鞋的表面會另外加工以增加光澤，這種皮鞋也不能貿然以飽含水分的濕布清洗。在清潔皮鞋之前，請先用力擰乾濕布，再以濕布擦拭整個鞋面，觀察水分是否會滲入皮革中，如果水分不會滲透，就表示這雙皮鞋的表面經過特殊加工，不能貿然以高濕度的布去清洗，因為這種皮鞋一旦表面有小傷口，就會導致水分滲透，傷口周圍會形成水漬。這種皮鞋如果析出鹽垢或發霉，請先將濕布用力擰乾再進行擦拭，但是如果是雨水所造成的水漬就沒辦法處理了。

起毛皮革鞋 清潔&保養方法

麂皮的原材料通常是幼牛皮等柔軟皮革,將皮革背面進行起毛加工,呈現絨毛質感。牛巴戈皮也是起毛皮革的一種,以砂紙等工具使牛皮等動物皮革的表面起毛。兩種皮革都給人一種溫暖的觸感,因此大受歡迎。這一類的起毛皮革乍看之下難以清潔和保養,其實相當簡單。保養的訣竅就在於濕擦和梳理。

麂皮鞋&牛巴戈皮鞋 保養方法

以砂紙摩擦使皮革表面起毛的牛巴戈皮，魅力在於溫和的質感。
在堅固的牛皮表面進行起毛加工，
製成的皮鞋不容易受傷，而且也不怕被水淋濕。
本單元以牛巴戈皮鞋作為保養示範，也會說明麂皮的清潔與保養。

牛巴戈皮鞋看似溫潤，其實堅固的程度出乎意料。每次穿著之後，建議當天就以刷子刷去灰塵和髒污。

準備用具

◎ 水
◎ 布（濕擦使用）
◎ 尼龍刷
◎ 橡膠刷
◎ 金屬刷（黃銅刷毛＋尼龍刷毛）
◎ 麂皮&牛巴戈皮專用防水噴霧劑

Step

以刷子刷去灰塵

① 以麂皮&牛巴戈皮專用的尼龍刷除去表面的灰塵。

※在旅行的途中如果沒有專用刷，也可以牙刷代替。

② 尼龍刷和橡膠刷無法處理的皮面損傷，可以使用金屬刷來處理。

麂皮&牛巴戈皮專用刷

尼龍刷
橡膠刷

無法以ⓐ尼龍刷處理的時候，就以ⓑ橡膠刷來整理皮鞋。如果皮鞋上還有地方無法以這兩種刷子處理，就以金屬刷（右）或使用橡皮擦（參閱P.31）。

※刷法的說明請參閱P.29。

金屬刷

麂皮&牛巴戈皮專用的金屬刷，中央是上等黃銅刷毛，周圍則是尼龍刷毛。這種刷子可以刷出皮革深處的灰塵，也可以將起毛皮革梳理整齊。如果牛巴戈皮的表面已經變得平滑而泛光，建議使用金屬刷來醒毛。

Pick Up Item

Step 2 － 濕擦

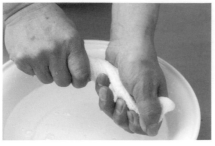

① 將布浸濕之後，輕輕擰掉一些水分。不必用力擰乾，濕布的含水量可以多一些。

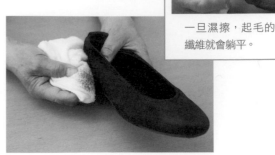

一旦濕擦，起毛的纖維就會躺平。

② 以摩擦的方式濕擦整個鞋面。不必擔心皮鞋的染料脫落。皮鞋裡面如果有髒污，也要濕擦。

③ 鞋子濕擦完畢之後，放在陰涼處自然乾燥。

Step 3 － 以刷子醒毛

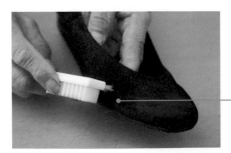

① 以尼龍刷梳理整個鞋面，進行醒毛。皮革上毛豎起來的部分顏色會變深，請整理至整隻鞋都醒毛為止。

(醒毛的地方顏色會變深)

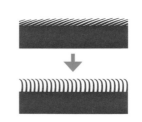

原本的起毛纖維在濕擦之後會躺平，可藉由刷子的梳理讓毛豎立起來。醒毛與否可觀察皮革的顏色進行判斷。毛豎立起來的部分因為會有毛的影子，看起來顏色會比較深。

② 醒毛之後，在戶外或通風良好的場所使用麂皮＆牛巴戈皮專用噴霧劑。

③ 保養工作完成。由於麂皮和牛巴戈皮的毛會有不同的倒向，皮革表面看起來會感覺好像有色斑，而這正是起毛皮革的特性唷！

Ⓟoint —— 起毛皮革的梳理訣竅

保養麂皮和牛巴戈皮的時候，
建議同時準備尼龍刷、橡膠刷、金屬刷三種刷子，
並事先認識各種刷子的使用方法。

[尼龍刷]
摩擦

以尼龍刷整理皮革時，以前後左右或畫圓的方式摩擦刷理。

也可以使用牙刷（硬毛的較佳）代替尼龍刷，同樣以摩擦的方式進行刷理。輕微的污垢以這種方式就可以刷掉了。

[橡膠刷]
按壓

沾附在皮革表面的污垢若是無法以尼龍刷處理乾淨，就將橡膠刷按壓在皮革上刷動，藉此刷掉污垢。

[金屬刷]
繞圈刷

金屬刷中央的黃銅刷毛不容易岔開，總是保持硬挺的姿態，刷皮鞋時效果相當顯著。不要以前後摩擦的方式，而是轉動手腕，讓刷子上下繞圈。

(**麂皮鞋&牛巴戈皮鞋**)

和亮面皮革一樣,請先除去灰塵、手垢等髒污後再穿著。
可以簡單地刷乾淨就好,也可以使用專用的防水噴霧劑,
除了多一層保養之外,還能夠彰顯新皮革美麗的亮澤。

準備用具

◎ 尼龍刷
◎ 麂皮&牛巴戈皮專用防水噴霧劑

1 以尼龍刷除去鞋子表面的灰塵。鞋背、鞋腰、鞋後跟、沿條(鞋身與鞋底的交接處)等部位都要刷乾淨。

2 使用麂皮&牛巴戈皮專用的防水噴霧劑,整個鞋面都要噴,噴至皮革有濕潤感。

3 放至陰涼處等鞋子自然乾燥,乾燥之後保養工作即完成。

去除頑垢的**橡皮擦**

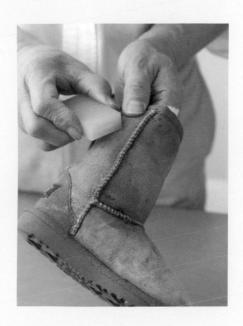

如果三種專用刷都無法除去麂皮或牛巴戈皮上的污垢，可以試試橡皮擦。可以直接使用文具行所賣的橡皮擦，也可以購買市面上起毛皮革專用的橡皮擦（微粒橡膠）。將橡皮擦的邊角按壓在污垢上，摩擦刷除污垢。除了皮鞋之外，橡皮擦也可以應用在皮包和衣服的清潔上。

可以刷除灰塵並梳理起毛的**泡棉刷**

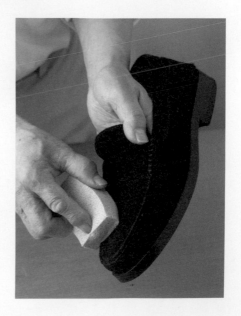

麂皮、牛巴戈皮等起毛皮革專用的泡棉刷。想要盡快除去灰塵時，可以使用泡棉刷，因為面積大，所以能加快清潔的速度。柔軟的泡棉刷由天然的橡膠發泡製成，可以清潔皮革上的灰塵與污垢，同時又將皮革上的起毛梳理整齊。請善用泡棉刷的邊角，可以輕鬆地整理皮鞋的細節處。

皮 革需要補充適當的水分，所以
就算被雨淋濕也不必慌張，但是，
如果放任不管，皮鞋的表面就會出
現水漬或斑點，俗稱「雨水痕」。
及時保養是預防雨水痕最好的方
法，然而，就算皮鞋上已經產生水
漬，只要以水清潔、保養，就能讓
皮鞋恢復原來的樣子。

皮鞋急診室1： 被水淋濕

皮鞋出現水漬 處理方式

預防水漬的要訣在於「濕擦」，讓皮鞋沒有乾濕之分。
即使已經產生水漬，
只要重複濕擦，就能變回原本的美麗模樣。

皮鞋被雨水淋濕，而且滲入了灰黑色的髒水。這個時候只要採取濕擦的方式，就可以消除雨水痕（有些皮鞋不適合以太濕的布擦拭，請參閱P.25）。

準備用具

◎ 水
◎ 布（依用途所需準備數塊布）
◎ 皮鞋清潔劑
◎ 乳化型鞋油
◎ 塗布刷
◎ 鞋刷
◎ 鞋撐（或是報紙、面紙、衛生筷）

Step 1 — 濕擦

① 布浸濕之後，輕輕擰掉一些水分，不必太乾，可以濕一些。以濕布擦拭皮鞋表面，將濕布按壓在有水漬的地方，重複按壓，使皮革的含水量增加。

② 擦拭鞋子內部，把裡面的污垢擦掉，使鞋子變得更為整潔（參閱P.16）。

③ 將鞋子放在通風處自然乾燥。可以在這個時候將鞋撐放到鞋子裡，可以支撐鞋型。如果沒有鞋撐，也可以報紙代替。如果鞋子裡塞入報紙，請務必勤加更換。

※報紙的使用方法請參閱P.43。

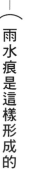 雨水痕是這樣形成的

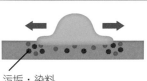

污垢・染料

皮鞋被雨水打濕的時候，皮革纖維內的污垢、表面上的髒污與皮革染料都會溶於水中，並隨著水分的移動而產生雨水痕。

Step 2 — 以皮鞋清潔劑洗去髒污，並塗上鞋油

皮鞋清潔劑。選用
延展性佳的液態清
潔劑，使用起來相
當方便。

① 鞋子內外都徹底乾燥之後，
水漬也消失了，可以開始進
行下一階段的保養工作。如
果此時鞋面上還留有水漬，
必須再次濕擦、乾燥，重複
進行到水漬消失為止。

② 以乾布沾取皮鞋清潔劑，清
除整個皮鞋表面的髒污。

選用透明的乳化型
鞋油，任何顏色的
鞋子都適用。

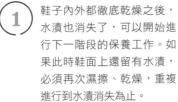

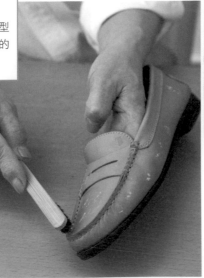

③ 以塗布刷沾取鞋油，點在皮
鞋表面各處，並將鞋油一一
刷開。黑色或咖啡色的皮鞋
可以選用同色系的鞋油。

3 －以鞋刷徹底刷開鞋油

擦掉多餘的鞋油。

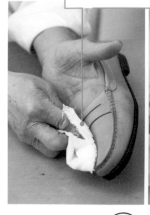

① 以鞋刷輕輕刷皮鞋，讓整個鞋面都能徹底塗抹到鞋油。關鍵是只使用毛尖輕刷，一邊刷一邊移動。

② 以乾布摩擦鞋面，擦去多餘的鞋油。如果皮鞋上殘留多餘的鞋油，不但會導致皮革的透氣性變差，也容易沾染灰塵和污垢。

③ 大功告成！此時可以噴上防水噴霧劑。如果希望預防雨水痕，可以在預報會下雨的日子裡噴上防水噴霧劑再穿出門。

皮鞋完全濕透 處理方式

皮鞋就算因為傾盆大雨而濕透也不必擔心喔！

如果是亮面皮革，

趁著鞋子潮濕的時候，先擦去鞋子內外的髒污，

再讓鞋子自然乾燥，接著按照P.33至P.35的步驟去做即可。

如果是麂皮＆牛巴戈皮這種起毛皮革，有兩種狀態的處理方法，

請依狀況決定。

本單元以起毛皮革鞋作為示範。

牛巴戈皮鞋濕透的時候，如果沒時間等鞋子乾燥再處理，可以在鞋子濕透的狀態下先進行初步保養。如果時間充裕，建議放至乾燥後再進行保養工作。

準備用具

◎ 水
◎ 布（濕擦使用）
◎ 尼龍刷
◎ 麂皮＆牛巴戈皮專用防水噴霧劑

Step 1 — 擦除髒污

麂皮鞋＆牛巴戈皮鞋有A・B兩種處理方式，亮面的皮革則以A方法進行處理。

 在鞋子濕透的狀態下進行初步保養

① 先以擰乾的布擦拭整個鞋面，並除去泥巴等污垢。

② 麂皮、牛巴戈皮是起毛皮革，水分較容易滲進鞋中，請細心濕擦鞋子內部，把污垢擦乾淨。將整理好的鞋子放在陰涼的通風處，使其自然乾燥。

在鞋子乾透的狀態下進行保養

(1) 皮鞋如果放在陰涼的通風處自然乾燥,皮革比較不容易變硬。乾燥過程中,可以在鞋子裡面塞入報紙,由於報紙很快就會濕掉,務必要頻繁更換。如果要使用鞋撐,請在鞋子乾透前放進鞋內。

※報紙的使用方法請參閱P.43。

(2) 以尼龍刷摩擦皮鞋表面,將藏在皮革中的污垢刷出來。

(3) 仔細濕擦鞋裡、鞋外。

(4) 濕擦之後,將鞋子放至陰涼的通風處,使其自然乾燥。乾燥的過程中,可以在鞋子內放入鞋撐。

2 — 使用起毛皮革專用鞋刷

接縫處也要記得刷喔！

① 以專用的鞋刷醒毛，可以使用尼龍刷，也可以使用金屬刷，將皮鞋表面的毛刷起。除了醒目的地方，鞋子的側面和鞋後跟也都要仔細刷。

使用噴霧劑的時候，請在戶外或是通風良好的場所進行。

噴至皮鞋表面變濕。

② 噴上麂皮＆牛巴戈皮專用防水噴霧劑，整個皮鞋表面都要噴。

③ 處理完成。讓鞋子自然乾燥，徹底乾燥之後再噴一次防水噴霧劑，保護效果更佳。

咖啡潑灑在皮鞋上 處理方式 ——————

咖啡、紅酒、果汁、醬油等水溶性物質所造成的污漬，
處理方法和雨水痕一樣。只要能盡早濕擦這些污漬，
幾乎都可以回復原貌。
油性物質所造成的污漬就請交給專家處理吧！

運動休閒鞋的麂皮部分
有咖啡漬，盡早處理才
是上上策！

準備用具

◎　面紙
◎　水
◎　布（濕擦使用）
◎　尼龍刷
◎　麂皮＆牛巴戈皮專用
　　防水噴霧劑

① 剛被潑灑到的時候，皮革
還是濕的，先以面紙擦
拭。麂皮很強韌，大力擦
拭也沒關係。

② 以咖啡漬的部位為中心，
使用濕布摩擦皮革。污漬
會滲進皮革中，必須用力
擦拭才能將污漬擦掉。

③ 鞋子自然乾燥之後，以尼
龍刷刷至皮革表面起毛。

④ 在戶外或通風良好的場所
使用麂皮＆牛巴戈皮專用
的防水噴霧劑。

⑤ 處理完成。噴上防水噴霧
劑之後，鞋子就不容易沾
上污漬了。

被雨水打濕的皮鞋乾燥之後，有時表面上會冒出一層白粉，這種現象叫做「鹽析現象」，這層白粉就是汗水的成分之一。如果穿了透氣性差的皮鞋，或是重複穿著某一雙鞋子，腳悶在鞋子裡，鞋子就容易累積鹽分。處理鹽垢的時候，濕布的水分含量會比處理水漬時多一些。

皮鞋急診室2：析出鹽垢

皮鞋出現鹽垢 處理方式

鞋面上的鹽垢如果不清理，會膨脹並導致鞋面受損，
皮革甚至會變硬且產生皸裂。
想除去鹽垢，一樣要藉助水的幫忙！
如果同時使用皮革肥皂膏，不但有助於水分滲透，
也可以為皮革補充營養。

準備用具

- ◎ 水
- ◎ 布（依用途所需準備數塊布）
- ◎ 皮革肥皂膏
- ◎ 乳化型鞋油
- ◎ 塗布刷
- ◎ 鞋刷
- ◎ 鞋撐（或報紙、面紙、衛生筷）
- ◎ 防水噴霧劑

鞋後跟（如圖片）和鞋背上長
了鹽垢，如果放著不管，鹽垢
會愈來愈嚴重。保養的第一步
就是先將鹽垢去除！

Step 1 — 濕擦

鞋頭和鞋後跟的皮
革很硬，請用力按
壓，水分才會滲透
進去。

① 布泡水濕濕之後，輕輕擰掉
一些水分。

② 濕擦皮鞋表面。不要只擦拭
有鹽垢的地方，整個鞋面都
要濕擦一遍，以免只有局部
變濕而形成水漬。有鹽垢的
部位（示範的是鞋頭和鞋後
跟），請特別以濕布用力按
壓。

③

整雙鞋子都徹底濕擦一遍。輕
微的鹽垢只要濕擦就能消除，
所以如果鹽垢狀況輕微，先讓
鞋子乾燥之後再視情況處理。
鹽垢如果消失了，就不需要再
使用皮革肥皂膏；如果鹽垢沒
有完全消失，就要重複濕擦，
淡化鹽垢。

Step

2 — 以皮革肥皂膏清洗皮鞋

皮革製品專用的肥皂膏,一般稱為Saddle Soap。洗淨成分滲入皮革之後,能夠析出皮革中的鹽分和污垢。不但能夠去污,肥皂膏所含的油脂也能讓皮革變得溫潤柔軟。

鹽垢比較嚴重的地方,以手指按壓,幫助水分滲透到皮革裡。

① 以擰乾的濕布沾取皮革肥皂膏。

② 以皮革肥皂膏清洗皮革表面。即使有些皮革表面沒有鹽垢,但皮革中仍可能囤積著鹽分,所以整個鞋面都要清洗。

③ 鞋後跟的鹽垢很明顯,這個部位的皮革很硬,水分不容易滲透,請以手指施壓,用力清洗。

鹽垢是這樣產生的

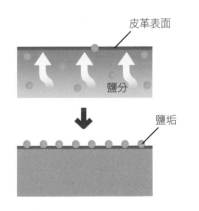

皮革表面

鹽分

鹽垢

被水打濕的皮革在接觸空氣之後會逐漸乾燥,過程中,水分會化為水蒸氣,溶解在水中的鹽分則會留在皮革中。持續穿鞋,皮革中就會累積愈來愈多鹽分,並隨著水分的移動而匯聚到皮革表面上。

Step 3 — 擦掉皮革肥皂膏，並自然乾燥

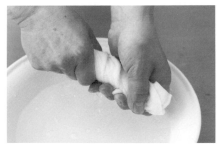

① 布浸濕之後，輕輕擰掉一些水分，濕布的含水量可以多一些。

② 將皮鞋表面的皮革肥皂膏輕輕擦掉。

③ 將鞋子放至陰涼通風處，使其自然乾燥。乾燥的過程中，建議在鞋內放入鞋撐，或塞進揉成一團的報紙。

④ 如果是採用塞報紙的方式，當鞋內仍然潮濕時，請先以面紙包裹報紙團，再塞至鞋頭的部位。

⑤ 為了固定塞在鞋頭部位的報紙，乾燥的過程中，建議以衛生筷抵著鞋內的報紙。

⑥ 鞋子乾燥之後，拿出報紙。如果鹽垢還沒消失，就重複濕擦及使用皮革肥皂膏，直至鹽垢消失。

Step

4 — 將鞋油均勻刷在鞋面上

① 以塗布刷沾取無色鞋油。如果皮鞋是黑色或咖啡色，也可以使用同色系的鞋油。

② 將鞋油點在鞋面各處，並慢慢地刷開。鞋油的用量如果太多，等一下擦拭鞋油就會很辛苦，所以只要淺淺地塗上一層即可。

為了避免鞋油殘留在沿條（鞋身與鞋底的交接處）上，請仔細刷開。

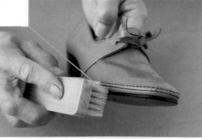

鞋跟也要刷。

③ 使用鞋刷將鞋油徹底刷開。鞋背的皺摺處，以及各部位的接縫處都要仔細刷過。

Step 5 ─ 擦掉多餘的鞋油

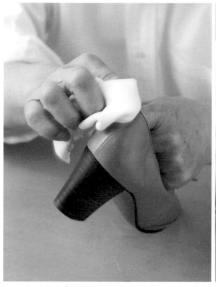 

① 以乾布擦去多餘的鞋油。如果皮革表面殘留太多鞋油會容易硬化，而且容易沾附髒污，因此把鞋油擦乾淨是很重要的步驟。

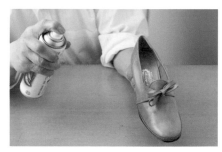 

② 在戶外或是通風良好的場所噴上防水噴霧劑。

③ 處理完成。藉由濕擦和肥皂的清洗，鹽垢已經完全消失。建議避免天天穿同一雙皮鞋，讓鞋子有機會休息以散去濕氣，同時也能預防鹽垢的產生。

與「皮革肥皂膏」的相遇

「好棒喔！」當我第一次遇到皮革肥皂膏時，忍不住叫出聲。

大約是三十年前的某個夏天，我第一次知道「皮鞋要濕擦」這件事。當時的我穿著一雙黃色的植鞣皮革（以丹寧酸鞣製的皮革）鞋，髒掉的鞋子上有水漬，也開始有白色的毛邊。我向鞋油製造商詢問保養皮鞋的方法，對方回答：「清潔劑（去污劑）會在皮鞋上留下痕跡，因此不能使用。要趁鞋子還新的時候塗抹鞋油，在還沒弄髒之前就要先噴上防水噴霧劑。」他的答案是Before care，也就是穿鞋之前的保養。

雖然沒有得到解決的辦法，我卻不想坐以待斃。在公司的倉庫裡，我找出英國鞋油公司寄來的樣品箱，想看看裡頭有什麼，結果有個東西吸引了我的目光——一個扁平的罐子，上面寫著 Leather and Saddle Soap（皮革與馬鞍專用肥皂膏）。「肥皂？」我查了字典確認這個東西的身分，同時也開始調查這種肥皂的使用方法，而且立即進行實驗。以濕布沾取肥皂膏擦拭皮鞋之後，植鞣皮革立刻吸收了水分而且泛黑，我看了心中一沉，當場傻眼。不過既然是以自己的皮鞋做實驗，我索性重振精神，繼續擦洗，帶著緊張的心情，在半信半疑下搓出泡沫，並在結束一連串的作業之後，將鞋子陰乾。等待鞋子乾燥的過程中，我其實非常擔憂，為什麼呢？因為長期以來我一直被教導：「皮鞋不可以弄濕！」

夏季高溫，大約過了十分鐘，鞋背的部位已經開始變乾，而且變得明亮。我忍不住說：「哇！變得好乾淨！」我緊盯著鞋子，一直到鞋子乾透。三十分鐘之後，鞋子乾了，鞋面上的污垢、水漬和毛邊全都消失不見，恢復成原本的鮮黃色。我很震驚，心臟狂跳，這個新發現帶給我的感動，應該與那些得到諾貝爾獎的學者們發現新事物時一樣。從此之後，我醉心於Saddle Soap這種皮革肥皂膏，甚至一度覺得，一定要讓日本人重新認識皮鞋的保養法。可以這麼說，Saddle Soap改變了我往後的人生——這句話真的是一點兒也不誇張。

安富好雄

Saddle是馬鞍的意思。由於
Saddle Soap富含油脂成分，
不但能夠去除污垢，也能軟
化皮革。

營養（髒污）、高溫、潮濕，只要這三個條件同時齊備，任何地方都會產生黴菌，皮鞋當然也不例外。發霉的時間愈長，菌絲就愈有機會深入皮革纖維內生根繁殖，如果放任黴菌發展到這種地步，就很難去除，因此只要一發霉就必須立刻處理。請務必記住：先減少黴菌之後，才能進行濕擦。

皮鞋急診室3：發霉

皮鞋發霉 處理方式

看到白色的黴菌，很多人就會忍不住想要立即濕擦，
但是，這個時候嚴禁以水擦拭！皮革表面的黴菌即使已經去除，
水分也會助長皮革內的黴菌滋生，如此一來就有可能再度發霉。
請先以除菌消臭噴霧劑減少黴菌量，再開始進行下一階段的保養。

鞋面已經長出白色黴菌，到這
種狀態時，皮革內大多也已經
有黴菌了。

準備用具

◎ 水
◎ 布（依用途所需準備數塊布）
◎ 除菌消臭噴霧劑
◎ 衛生筷
◎ 皮鞋清潔劑
◎ 乳化型鞋油
◎ 塗布刷
◎ 鞋刷
◎ 口罩

Step 1 — 以乾布擦掉黴菌

戴上口罩，以乾布將白色的黴
菌擦拭乾淨。擦拭皮鞋的乾布
會沾附黴菌，所以使用過後就
要立刻丟掉。

無法以濕擦的方式消除黴菌

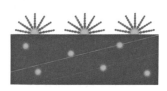

① 皮鞋表面發霉時，通常內部也已經滋生黴菌。

② 濕擦可以消除皮革表面的黴菌，卻無法根除皮革內部的黴菌。

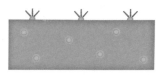

③ 濕擦會導致水分滲進皮革內部，助長皮革內的黴菌滋生，日後一樣會再度發霉。

Step 2 — 噴上除菌消臭噴霧劑，
並自然乾燥

選用皮鞋專用的除菌消臭噴霧劑，可以有效抑制造成臭味和發霉的菌種繁殖。除了平日保養時可以使用，準備將鞋子長時間收納起來時也可以使用。除了皮鞋專用的除菌消臭噴霧劑之外，也可以廚房用的酒精除菌劑代替。

① 整個鞋面都噴上除菌消臭噴霧劑。

② 皮鞋裡面也可能會有黴菌，所以鞋頭的內部也要噴。發霉狀況很嚴重的時候，可以先將除菌消臭噴霧劑噴在乾布上，再以布擦拭鞋子的表面和內部。

③ 讓鞋子自然乾燥。為了消除臭味同時減少黴菌，請將鞋子放在通風良好的陰涼處5至7天。

Step 3 －濕擦皮鞋，以清潔劑去除污垢

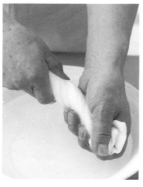

① 布浸濕之後，輕輕擰掉一些水分，濕布的含水量可以多一些。

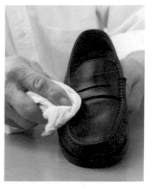

② 濕擦整個鞋面，擦除黴菌與污垢。

③ 鞋子裡面也要仔細濕擦。

④ 由於鞋頭內部也噴了除菌消臭噴霧劑，所以也要擦拭。將濕布放在衛生筷上，伸到鞋子內部濕擦。將鞋子放在陰涼處自然乾燥。

這是一款液態的皮鞋清潔劑，就連油性污垢也能去除。不過這種清潔劑不能使用在麂皮和牛巴戈皮這一類起毛皮革上，請注意。

⑤ 鞋子乾燥之後如果還有污垢，就使用皮鞋清潔劑。將清潔劑倒在乾布上。

⑥ 以沾取皮鞋清潔劑的布擦拭鞋面，去除濕擦無法除去的污垢。

Step

4 －塗抹鞋油，並擦去多餘鞋油

① 以塗布刷沾取鞋油，點在鞋面各處，均勻刷開。

※盡量使用和皮鞋同色系的鞋油，不過由於鞋油刷開之後顏色會變淡，就算顏色和鞋子有些不同也沒關係。

② 以鞋刷將鞋面上的鞋油徹底刷開，每個部位的接縫和沿條（鞋身和鞋底的交接處）很容易囤積鞋油，請以鞋刷的前端挖出鞋油並確實刷勻。

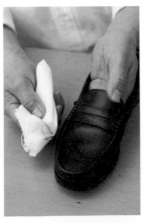

③ 以乾布擦去多餘的鞋油，擦拭到白布上不會再沾有鞋油為止。此時皮革會透出美麗光澤。

④ 處理完成。白色黴菌完全消失，皮革也恢復光澤。為了避免再度發霉，請留意收納方式。

※預防皮鞋發霉請參閱P.53。

預防皮鞋發霉的守則

就算保持皮鞋的清潔，也不忽略保養的步驟，
然而只要長時間處於高溫、潮濕的環境，皮鞋還是會發霉。
請在收納的時候多費一點兒工夫，
就能保護心愛的皮鞋，避免發霉。

保持鞋櫃通風

在晴天的日子裡，把鞋櫃裡的鞋子全部拿出來，清潔櫃子之後開著門，讓鞋櫃通風。鞋櫃充分乾燥之後，才能把鞋子放回去。如果沒時間把鞋子拿出來清潔櫃子，也可以只打開鞋櫃的門，讓櫃子通風。

在鞋盒上打洞

收納季節性的皮鞋時，事先在鞋盒上打洞，就能改善收納盒的透氣性。皮鞋不要直接放進盒子裡，先以薄紙包住，或是放進布袋裡再放入鞋盒中，紙和布會幫忙吸收濕氣。

使用乾燥劑

目前很流行曬乾之後能夠重複使用的乾燥劑。平時常穿的皮鞋，很適合直接在鞋子裡放入乾燥劑，藉此降低皮鞋的濕度。鞋子如果被雨水打濕，也可以使用乾燥劑幫助乾燥。

皮鞋急診室4：
損傷&
掉色

穿皮鞋的時候，鞋子會遭遇到各種傷害，導致皮革表面剝落、掉色。傷害的程度有大有小，如果能夠事先認識簡單的處理方法，發生狀況時就能自己處理。處理過程不需要特殊的道具，很容易就能記住。自己修補過的皮鞋，穿起來一定會更有感情！

鞋面皮革剝落 處理方式

皮製女鞋大都使用柔軟的皮革材質，
鞋跟處的皮革很容易剝落。
如果剝落的程度不嚴重，請趕緊在家自行修補。
本單元示範的方法是以黏著劑黏回剝落的皮革，
最後再塗上皮革修復油就大功告成。

涼鞋的鞋跟接近鞋底的部位，
皮革常常不是掀起就是剝落。
由於皮鞋的顏色較淺，一旦有
傷口就很醒目。

準備用具

◎ 黏著劑（凝膠型瞬間接著劑）
◎ 牙籤
◎ 圓柱形小桿子（例如：原子筆）
◎ 皮革修復油

Step 1 — 修補鞋跟後方

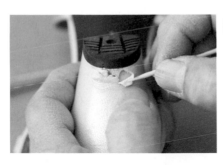

① 鞋跟後方和鞋跟的邊角上，
各有一處皮革掀起。由於掀
起的皮革還在，可以使用黏
著劑將皮革黏回去。首先，
以牙籤掀起其中的一處皮
革，裸露傷口。

② 皮革有伸縮性，請以手指捏
著皮革，盡量拉長皮革。

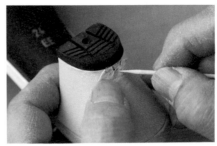

③ 另一處（左邊）的傷口也進
行同樣的處理。拉長皮革之
後，請先確認皮革復原的位
置，再沾上黏著劑固定（見
下一頁）。

④ 在牙籤前端沾上接著劑，塗抹在掀起的皮革背面和鞋跟上。每一處的傷口都要這樣處理。

⑤ 牙籤沒有沾上接著劑的另一端按壓在皮革表面，幫助皮革固定在鞋跟上。

⑥ 找一枝圓柱形小桿子，在此以原子筆作為示範。筆身貼在要修復的部位上，滾動筆身讓皮革黏得更牢固。

⑦ 另一處的傷口也同樣塗上黏著劑，並以原子筆將皮革黏得更牢固。

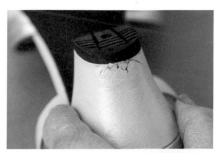

⑧ 掀起的皮革黏回去了。皮革間的裂縫上塗一些皮革修復油，傷處就不會太醒目。

皮革修復油是修補亮面皮革製品的塗料，經常應用於皮鞋、皮包等的修復。外觀與一般的指甲油一樣，蓋子上附有刷毛，如果要塗抹較細微的部位，建議以牙籤輔助為佳。使用時，先塗上淺淺的一層，視效果重複塗抹。禁止使用於起毛皮革上，包括麂皮和牛巴戈皮等。

(9) 以牙籤沾取皮革修復油,仔細塗在皮革的裂縫裡。

(10) 皮革的裂縫被隱藏起來了。

2－修補鞋跟的邊角

第一步先塗上黏著劑。

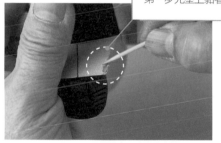

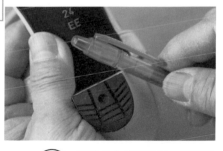

(1) 接著修補鞋跟的邊角。這裡的皮革已經剝落,先在傷口邊緣塗上黏著劑,以牙籤按壓,避免周圍的皮革繼續剝落。

(2) 在邊角上滾動筆身,讓傷口周圍的皮革貼牢在鞋跟上。

(3) 在皮革剝落的傷口上塗抹皮革修復油。遮瑕之後的傷口變得不明顯,處理工作大功告成。

鞋面皮革刮傷 處理方式

有時候皮鞋因為和水泥鋪面的物體摩擦，
導致皮革表面出現細微擦傷。
先將起毛邊的皮革壓平，再塗上鞋油，
刮傷就不會那麼明顯了。

鞋背上的皮革刮傷了，傷處起毛邊。

準備用具
◎ 牙籤
◎ 黏著劑
（凝膠狀瞬間接著劑）
◎ 圓柱形小桿子
（例如：原子筆）
◎ 乳化型鞋油
◎ 布（沾鞋油用）

以牙籤沾取黏著劑。

① 在皮革刮傷處塗上黏著劑，將翹起的皮革一一撫平。

② 滾動筆身，將翹起的皮革黏回鞋面。

③ 因為塗上了黏著劑，原本起毛邊的皮革已經黏回鞋面。

④ 以乾布沾取少量與皮鞋顏色同色系的鞋油，塗抹在刮傷的部位。

※如果沒有同色系的鞋油，可以選用相近色系且顏色較淺的鞋油。

⑤ 塗上鞋油之後，刮傷就會變得不明顯。

皮鞋掉色的處理方式① 亮面皮革

亮面皮革鞋如果刮傷而且掉色，
塗上鞋油補色之後，
狀況大多會獲得改善。
塗上鞋油之前，請先以皮鞋清潔劑去除表面污垢。

鞋跟內側的皮革表面有部
分掉色，這是因為皮革受
到摩擦，導致塗料剝落。

準備用具

◎ 皮鞋清潔劑
◎ 布
　（依用途準備數塊布）
◎ 乳化型鞋油

① 以皮鞋清潔劑清除皮革表
面的污垢之後，以乾布沾
取與鞋子同色系的鞋油，
塗抹在掉色的部位。
※如果沒有同色系的鞋油，
可以選用相近色系且顏色較
淺的鞋油。

② 如果皮鞋是焦糖色，塗上
咖啡色鞋油之後還是覺得
掉色處的顏色太淡，可以
再塗上淺淺的一層黑色鞋
油，以增加色澤。

③ 乾擦之後即完成。由於先
塗了咖啡色的鞋油，再塗
上黑色的鞋油，修補後的
顏色又自然又耐看。

皮鞋掉色的處理方式②
深色麂皮＆牛巴戈皮

起毛皮革一旦水分不足，皮革就會因為持續乾燥而褪色，
處理方法不難，只要濕擦和刷理就會恢復原狀。
如果是因為表皮損傷，
導致未染色的皮層露出表面，
只要使用專用的補色劑就可以修補完成。

黑色皮鞋的內側面有損傷，
導致皮革掉色。只要塗上專
用的黑色補色劑即可。

準備用具

◎ 尼龍刷
◎ 麂皮＆牛巴戈皮
　專用補色劑
　（與皮鞋同色系）

麂皮、牛巴戈皮等起毛皮
革的專用補色劑，可以為
掉色的皮革增色，同時提
供皮革需要的營養成分。
有些是噴霧型包裝，但是
建議使用如圖片中的液態
型補色劑，比較能夠均勻
地滲入皮革中，使用起來
也比較方便。

① 以尼龍刷醒毛，仔細刷理
要修補的部位。

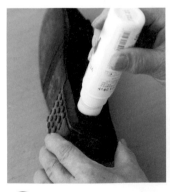

② 將麂皮＆牛巴戈皮專用補
色劑塗在掉色的部位。先
塗上淺淺的一層，視狀況
重複塗抹。上完補色劑之
後，讓鞋子自然乾燥。

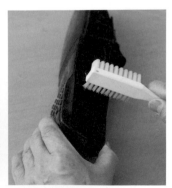

③ 補色劑乾掉之後，再度以
尼龍刷醒毛，如此一來皮
革上幾乎不會留下補色的
痕跡。

④ 處理完成。

皮鞋掉色的處理方式③
淺色麂皮＆牛巴戈皮 ————

淺色的麂皮鞋和牛巴戈皮鞋一旦掉色，
也可以使用補色劑來處理。
如果不想貿然塗抹，可以先塗在白紙上確認色差，
再塗一些在鞋子不醒目的地方，
確認顯色之後再正式修補。

米色的麂皮鞋整個鞋面都褪色了。如果擔心一次塗抹整個鞋面會產生色差，可以先塗抹鞋尖等醒目的部位，過幾天再塗抹其他部位，最後以刷子醒毛，幾乎就看不出有色差了。

準備用具

◎ 尼龍刷
◎ 麂皮＆牛巴戈皮專用補色劑（與皮鞋同色系）
◎ 泡棉刷（發泡橡膠型）

市售的起毛皮革專用補色劑琳瑯滿目，如果找不到與皮鞋相同顏色的補色劑，顏色相近即可，仍然可以補色補得很漂亮。圖片所示為米色補色劑。

① 解下鞋帶，以尼龍刷醒毛。

② 塗上與皮鞋同色的補色劑。塗抹時大部分的人都會擔心色差，但是，刷理過的皮革乾燥之後，色差並不會那麼明顯。

③ 皮革乾燥之後，以泡棉刷整理鞋面。也可以使用尼龍刷，但是，整理大範圍的鞋面時，建議使用專用的泡棉刷（參閱P.31）。

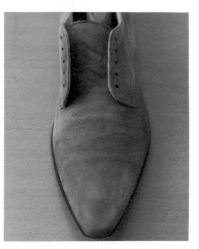

④ 處理完成。

皮鞋沾染趾痕 處理方式

夏天時不論男女，最常見的時尚配件就是涼鞋，
但是，最怕鞋頭部位的鞋墊上留下腳趾的污痕。
皮鞋上的趾痕屬於皮脂污垢，時常以皮鞋清潔劑清潔即可。
如果發現鞋墊上已經有塗料脫落的狀況，
由於無法修補，建議使用防髒貼片。

鞋頭部位的鞋墊上有淺淺的趾痕。如果污痕不嚴重，只要以水和清潔劑就能清除。

準備用具

◎ 皮鞋清潔劑
◎ 水
◎ 布（依用途準備數塊布）
◎ 防髒貼片

① 以乾布沾取皮鞋清潔劑，擦拭鞋頭部位的鞋墊髒污。

② 以濕擦的方式擦掉殘餘的清潔劑。如果每次穿完涼鞋就清理鞋子，鞋墊上幾乎不會留下皮脂污痕。

③ 鞋墊上的塗料耗損會導致趾痕容易沾附，建議在鞋頭部位的鞋墊上使用防髒貼片。

④ 處理完成。透明的防髒貼片適用於任何鞋子。如果貼片髒了，只要剝除並以濕擦的方式整理即可。

白皮鞋鞋尖髒污 處理方式

白色皮鞋的清爽風格極具魅力，
但是白色的皮鞋也最怕髒！
請務必勤加保養，普通的污垢以清潔劑清除，
刮傷的地方就以白色的修復油補色。

白皮鞋已經變得骯髒、不清爽。鞋尖的地方特別髒，皮革也有一些磨損。

準備用具

◎ 皮鞋清潔劑
◎ 布（依用途準備數塊布）
◎ 無蠟的乳化型鞋油
◎ 皮革修復油（白色）
◎ 水砂紙

皮革修復油的瓶蓋上附有刷子，使用起來很方便。塗抹微小面積的部位時，請以牙籤輔助。

使用1000號的水砂紙。

1 以乾布沾取皮鞋清潔劑，擦拭整個鞋面。有皺摺的地方和接縫處要特別仔細擦拭。

2 以清潔劑擦拭之後，皮革的磨損部位會變得比較乾淨。

3 皮革磨損的地方會起細毛邊，以水砂紙摩擦，讓皮革表面變得平滑。

4 在皮革磨損的地方塗上皮革修復油（白色），讓鞋子自然乾燥。

5 整個鞋面都塗上無蠟的乳化型鞋油。上過鞋油的皮鞋比較不容易變髒。

6 處理完成。鞋子的外觀看起來變得相當清爽，鞋尖也變白了。

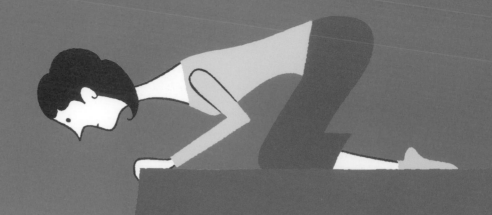

皮鞋長期收納的要訣

夏天穿涼鞋，冬天穿長靴，婚喪喜慶穿正式的皮鞋，參加派對穿高跟鞋……很多人擁有不只一雙皮鞋，這些皮鞋的使用有很多一雙皮鞋，這些皮鞋的使用有很多但是，只要穿過了，就一定要清潔之後再收納。只要做好清潔與保養，再放進鞋盒或袋子裡收好，下次就能愉快地再穿上涼爽的鞋子。

皮鞋長期不穿 收納方法

一陣子沒機會再穿的鞋子，
必須先進行基礎的清潔與保養，
再放進鞋盒裡收藏。在這裡以漆皮鞋為例，
介紹從清潔到收納的流程。
漆皮是在皮革上包覆一層具有亮澤的樹脂塗料，
既堅固又防水。經過加工的漆皮不像一般的皮革，
清潔與保養都相對簡單許多。

※其他皮革的保養：亮面皮革鞋請參閱P.15，麂皮鞋＆牛巴戈皮鞋請參閱P.27。

準備用具

◎ 水
◎ 布（依用途準備數塊布）
◎ 漆皮清潔油
◎ 除菌消臭噴霧劑
◎ 紙盒
◎ 薄紙或布袋等

Step 1 — 基礎的 清潔與保養

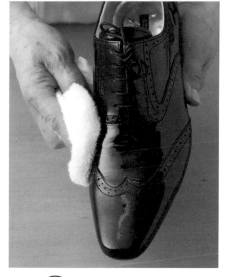

① 布浸濕之後，輕輕擰掉一些水分。濕布的含水量可以多一些。

② 濕擦整個鞋面，去除表面髒污。

③ 鞋子裡面也要濕擦。如果想擦拭鞋頭內部，可以使用免洗筷輔助。

④ 濕擦鞋底。

⑤ 以乾布沾取漆皮清潔油，去除濕擦無法擦除的表面髒污。

⑥ 由上而下，整個鞋面，包括鞋底都噴上皮鞋專用的除菌消臭噴霧劑。也可改以廚房用的酒精除菌劑代替。

⑦ 完成基礎清潔與保養。讓鞋子自然乾燥。

漆皮專用的清潔油可以洗去漆皮表面的髒污，還能夠營造光澤感。無色，適用於各種顏色的漆皮鞋。定期使用可以維持皮革的亮澤，且不容易沾附灰塵，還可以預防皸裂。當漆皮表面變得黯淡時，以清潔油進行保養，效果很好。

Step 2 — 收納

① 使用鞋盒之前，先朝著盒子裡噴灑除菌消臭噴霧劑。

※漆皮鞋有時會發黏或是掉色，收納時一定要避免左右鞋面互相接觸。準備長期收納時，一張薄紙包一隻鞋，也可以將兩隻鞋分別放在不同的布袋裡。

② 購買皮鞋時原包裝的薄紙或布袋請留著，收納時可以利用。如果過了好幾年之後，薄紙變舊了，就在紙上噴灑除菌消臭噴霧劑。如果擔心鞋子會發霉，可以事先放入乾燥劑。

（ 布袋收納法 ）

把新鞋附贈的布袋留起來，收納時就兩隻鞋各放入一個袋子裡，也可以一雙鞋放在同一個袋子中。但是，漆皮鞋只能兩隻鞋各放一袋，切記！

可以利用碎布自行製作收納袋。鞋子收在袋子裡，旅行時也很方便攜帶。

Point

如果以布袋收納皮鞋，盡量將袋子掛在掛勾上，這樣通風會比較良好，可以預防發霉。

長筒靴 收納

收納長筒靴時，要注意避免筒狀部位變形。
不只是長期收納時要注意，
平常擺放的時候也應該使用長筒靴的專用鞋撐。
不管穿過幾次，也不管常穿或不常穿，
收納之前一定要依皮革種類進行適當的清潔與保養。

準備用具

◎ 硬紙板、報紙
（或是長筒靴鞋撐）

使用報紙

① 配合長筒靴的尺寸，放進大小適合的硬紙板。可以直接使用購買時附贈的紙板。

② 把報紙揉成圓球狀，塞進硬紙板裡頭。

③ 塞入鞋子裡的報紙量必須能夠支撐長筒靴的筒狀部位。塞好足量的報紙之後，即可將鞋子放入鞋盒裡收納。

使用鞋撐

① 準備一對長筒靴專用的鞋撐。圖片中的鞋撐有伸縮功能，握桿可以調整長短，使用上很方便。鞋撐左右邊的撐片可以確實支撐長筒靴的本體，確保筒狀部位不會變形。

② 握住鞋撐的握桿，把鞋撐放進長筒靴裡面之後，放掉握桿。

③ 筒狀部位得到支撐，所以不容易傾倒、變形。不論是直接擺在玄關，或是收進鞋盒中，長筒靴都能保持漂亮的形狀。

皮鞋穿得愈久，皮革上的皺摺愈深，
鞋尖會翹起，鞋身還會變形──
就讓鞋撐來解除這樣的皮鞋危機。

螺絲型

山毛櫸製成的螺絲型鞋
撐。山毛櫸是很堅固的
木材，非常耐用。有滑
動片的設計，可以調整
鞋撐尺寸，配合皮鞋大
小固定好尺寸之後，就
能永遠適用於自己的鞋
子。這種鞋撐最適合亮
面皮革鞋使用。

卡榫型

山毛櫸製成的卡榫型鞋
撐。鞋頭可以稍微往前
伸，也可以縮小寬度。
鞋背的部分呈現尖角
狀。適合最近流行的尖
頭鞋使用。

調整型

女用調整型鞋撐。前端
部位可以收合，鞋撐放
進鞋子裡面之後，將前
端拉開，就能吻合鞋子
的尺寸。

塑膠製

塑膠製的輕盈男用鞋
撐。可以調整尺寸，適
用於24cm到30cm的男
鞋。

　鞋撐的材質以塑膠製和木製為主，木製
鞋撐又被叫做鞋楦（Shoe tree）。皮鞋完成
清潔保養之後，乾燥的過程中如果放入鞋
撐，就能預防皮革收縮，避免鞋子變形。
圖片中右邊的鞋子放有鞋撐，左邊的鞋子
沒放。右邊的鞋子形狀很漂亮，皮革上的
皺摺被拉伸開來。

　鞋撐有各式各樣的設計，請選擇適合自
己鞋子的鞋撐。除了一般皮鞋用的鞋撐之
外，也有長筒靴專用的鞋撐。

其他鞋子 清潔&保養方法

除了皮鞋之外,其他材質製成的鞋子都可以直接以水清洗。不管哪一種鞋子,刷洗的時候都不可以過度使力。在高溫潮濕的日子裡,一雙傷痕累累、帶有橡膠材質的鞋子,絕對不可以直接在太陽下曝曬。如果能以正確的方式經常清潔、保養鞋子,鞋子的壽命會拉長3至4倍。

保養一般鞋子必備 基本用具

皮鞋之外的鞋子，基本上都可以直接水洗。
事先準備好基本的用具，
隨時就能清潔、保養鞋子。

洗碗精

建議選用中性或弱酸性的較佳。可以輕易地洗去髒污，也不容易傷害鞋子。

衣物漂白劑

選用含氧漂白劑，即使是有顏色、帶有花紋的布料也能使用。噴霧型的設計很方便使用，可以清除頑垢和污漬。

輪胎泡沫清潔亮光蠟

輪胎專用的泡沫清潔亮光蠟，也適用於天然橡膠製成的長靴等鞋子，可以增添光澤。建議選用含矽（Silicone）配方的產品。

洗碗海綿

建議選擇聚氨酯製成的海綿。可以溫柔洗滌鞋子表面，不會傷害到鞋子的材質。

鬃刷

除了清洗鞋面，也可用來清洗鞋子的內部。請選擇附有握把的小鬃刷。

尼龍鬃刷
（洗鞋用）

除了清洗鞋面，也可用來清洗鞋子內部。請選擇附有握把，且材質柔軟的尼龍鬃刷。

科技海綿

就算沒有清潔劑，單獨使用科技海綿也能除去髒污。海綿體的孔隙很小，能夠去除橡膠部位的污垢。

棉花棒

清洗有色布鞋時，可以先以棉花棒檢視掉色的狀況。

錐子

可以用來去除黏在鞋底的口香糖。

布鞋 清潔方法

不少運動休閒鞋會以帆布為主要製材，鞋面上常會沾附泥巴和污漬，
內裡也會有泛黃的汗漬，真的很苦惱。
別擔心！以水洗淨之後，鞋子就會變得清爽！
清洗之前請先確認是否會掉色，如果沒有掉色，就可以使用洗碗精清洗。
鞋子清潔劑的洗淨力很強，有可能會傷到鞋子的材質，不推薦使用。

以帆布製成的運動休閒
鞋。如果沒有掉色，整
雙鞋就可以直接水洗。
如果有掉色現象，建議
以擰乾的濕毛巾擦拭。

準備用具

◎　水
◎　洗碗精
◎　鬃刷
◎　棉花棒
◎　布（乾擦用）

Step 1 — 確認是否會掉色

① 以棉花棒沾取洗碗精，擦拭
鞋面上不顯眼的地方。

② 以棉花棒另一頭的乾燥面擦
拭同一個地方，如果棉花上
沒有沾染顏色，就代表不會
掉色，可以水洗。

2 — 以洗碗精洗去髒污

① 如果有鞋帶，請先將鞋帶取下（鞋帶的清洗方式請參閱 P.74）。整隻鞋子直接浸水泡濕，鞋子內部也要打濕。

② 鬃刷沾取洗碗精之後，溫柔地刷洗整個鞋面。用力過猛會傷到布料，請輕輕刷洗。

③ 鞋子內部也要清洗，同樣以鬃刷輕輕刷洗。

④ 鞋底也洗乾淨之後，以水將整隻鞋子沖乾淨。

⑤ 以乾布擦去水分。

⑥ 試著使用吹風機，將整隻鞋子吹到微乾之後，放在陰涼處自然乾燥。使用吹風機可以讓鞋子快點兒變乾，預防發霉。

布製鞋帶 清潔方法

布製鞋帶的髒污不容易以刷子刷洗。
請在洗碗精裡添加衣物漂白劑，
把鞋帶泡在裡頭，靜置10至15分鐘。

Step 1 — 浸泡

① 把鞋帶從鞋子上取下，放進杯形容器中，倒水泡濕，並添加1至2滴洗碗精。

② 衣物漂白劑的噴頭向著杯內，噴4至5次，充分攪拌後靜置10至15分鐘。

Step 2 — 搓洗

① 以雙手搓揉鞋帶，以搓洗的方式去除鞋帶上的污垢。

② 鞋帶沖水洗淨，擰乾之後直接放在陽光下曬乾。

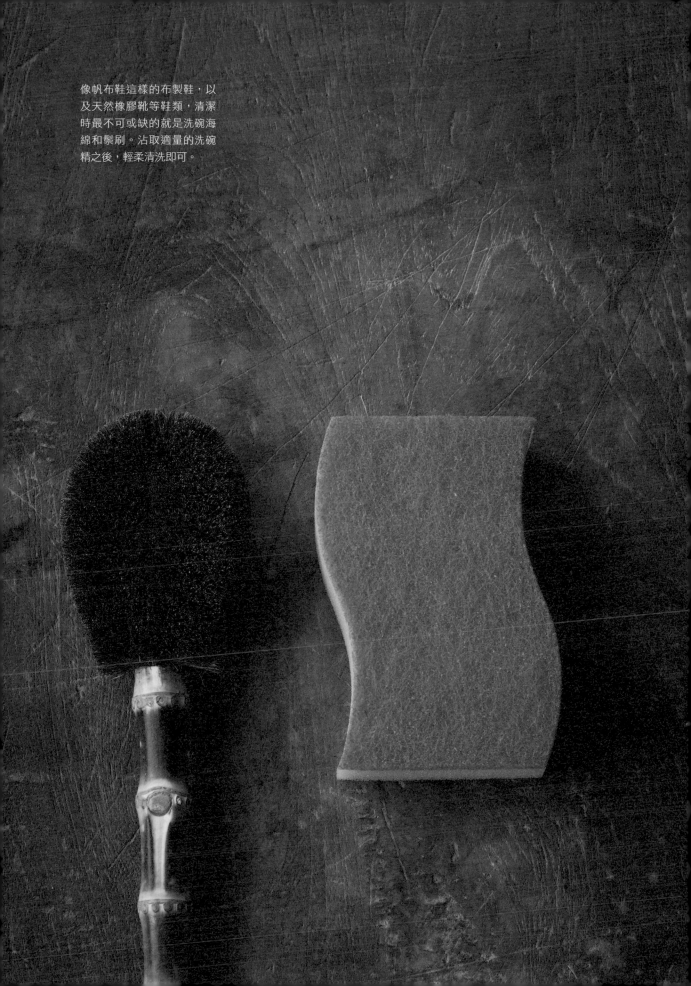

像帆布鞋這樣的布製鞋，以及天然橡膠靴等鞋類，清潔時最不可或缺的就是洗碗海綿和鬃刷。沾取適量的洗碗精之後，輕柔清洗即可。

布鞋頑垢 清除方法

布鞋上有些黑斑非常頑固，
單獨使用洗碗精根本洗不掉。
髒污嚴重的部位應該使用衣物漂白劑。
帆布材質可以搭配鬃刷除垢，
其他材質的鞋子就以尼龍刷刷洗。

整個鞋面都有黑斑，看
了心裡真是不舒服。合
併使用衣物漂白劑，就
能恢復原本的美麗。

準備用具

◎ 水
◎ 鬃刷或尼龍鬃刷（洗鞋用）
◎ 洗碗精
◎ 衣物漂白劑（含氧漂白劑，有色&
　花紋衣物也能使用，噴霧型）
◎ 布（乾擦用）

Step 1 — 以洗碗精洗潔

① 將整隻鞋子以清水淋濕。

② 將洗碗精倒在尼龍鬃刷（洗鞋
用）或鬃刷上。

③ 輕柔地刷洗整個鞋子的表面
之後，接著刷洗鞋子裡面。

Step

2 ─ 以衣物漂白劑除去頑垢

④ 在鞋面上還有髒污的部位噴一些衣物漂白劑，擦洗該部位。

⑤ 以清水將整隻鞋子沖乾淨。如果髒污仍然沒有去除，請重複②至⑤的步驟，直到髒污消失。

⑥ 以乾布擦去水分。

⑦ 為了預防發霉，建議先使用吹風機將鞋子吹至微乾，再放至陰涼處自然乾燥。

⑧ 黑斑與髒污都去除了，鞋子變得又乾淨又漂亮。

橡膠部位污漬 清除方法 ——————

布鞋上的橡膠部位如果有頑固的污漬，
可以利用科技海綿來清洗。
科技海綿的孔隙很小，
可以在短時間內輕鬆地將鞋子洗乾淨。

鞋子上的橡膠部位已經泛黑、卡垢，真是叫人無法忽視。只要清洗這些醒目的部位，鞋子的外觀就會立刻變得不一樣。

準備用具

◎ 水
◎ 科技海綿
◎ 布（乾擦用）

以科技海綿擦乾淨

① 將科技海綿浸濕之後，用來擦洗有髒污的橡膠部位。

② 潑水將鞋子沖乾淨，再以乾布擦拭。

③ 只花了大約3分鐘就去除污漬，鞋頭的橡膠部位變得雪白亮麗。

鞋墊清潔方法

據說，腳底一天分泌出來的汗水大約有一杯水的分量。

鞋子並不是只有外面會髒掉，裡面也會囤積污垢。

如果鞋墊可以單獨從鞋子裡拿出來，

清洗鞋子內部時，就將鞋墊拿出來刷洗。

不論是哪一種材質的鞋子，只要鞋墊可以取出，就拿出來單獨清洗。

準備用具

◎ 水
◎ 洗碗精
◎ 鬃刷
◎ 布（乾擦用）

以洗碗精洗潔

① 將洗碗精倒在鬃刷上。

② 鞋墊的正面、背面都要輕柔地刷洗。

③ 以清水沖洗乾淨。

④ 使用乾布擦去水分，放在陽光下曬乾。

多材質拼接鞋 清潔方法

布＋合成皮・合成纖維＋天然皮革……
現在很多鞋子並不是單一材質製成，運動休閒鞋就是典型的代表。
與布鞋相同，多材質拼接的鞋子原則上都可以使用洗碗精清洗。

除了皮鞋之外，無論什麼材質的鞋子，都可以洗碗精＋鬃刷從頭洗到尾。如果有鞋帶，請先取下，鞋帶要單獨洗潔（參閱P.74）。

準備用具

◎ 水
◎ 洗碗精
◎ 鬃刷
◎ 布（乾擦用）

以洗碗精洗潔

(1) 如果有鞋帶，將鞋帶取下。

(2) 將鞋子徹底泡濕。

(3) 將洗碗精倒在鬃刷上。

(4) 輕柔地刷洗整個鞋面。

⑤ 鞋子裡面也要仔細刷洗。

⑥ 刷洗鞋底。

⑦ 以清水沖洗乾淨。

⑧ 使用乾布擦去水分。

⑨ 為了防止發霉，建議使用吹
風機吹至微乾。

⑩ 將鞋子放在陰涼處，使鞋子
自然乾燥。

天然橡膠靴 清潔方法

天然橡膠製成的靴子有些表面會泛白，有些放了一段時間之後，表面會龜裂，
請記得要定期進行清潔、保養。
清洗時，務必選擇中性或弱酸性的洗碗精。

天然橡膠靴的鞋面上有
一層蠟，可以防止橡膠
表面劣化，但也會造成
鞋面泛白。使用含矽配
方的輪胎泡沫清潔亮光
蠟，能夠讓橡膠和保護
蠟再度親和，解決泛白
現象。

準備用具

◎ 水
◎ 洗碗精
◎ 洗碗海綿
◎ 布（依用途準備數塊布）
◎ 輪胎泡沫清潔亮光蠟
　（含矽配方）

Step 1 — 以洗碗精洗潔

① 將洗碗精倒在洗碗海綿的柔軟面上。

② 輕柔地擦洗鞋子的外面、內部和鞋底。

③ 以清水沖洗乾淨。

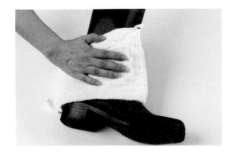

④ 使用乾布擦去水分。

Step

2 — 為鞋面增添光澤

使用含矽配方的輪胎泡沫清潔亮光蠟,可以讓鞋面充滿光澤。

⑤ 將輪胎泡沫清潔亮光蠟噴在乾布上,使亮光蠟滲透到布的纖維裡。

⑥ 除了醒目的鞋面之外,鞋底的側邊也要仔細擦拭。

⑦ 讓鞋子自然乾燥。

鞋底口香糖 清除方法

如果鞋底不小心踩到口香糖，
那種甩不去的感覺真令人感到不快。
不過，只要合併使用錐子和洗碗精，
就能輕鬆去除口香糖了！

踩到口香糖的鞋底。以洗碗精就能輕易去除口香糖。

準備用具

◎ 水
◎ 洗碗精
◎ 鬃刷
◎ 錐子

深陷鞋底溝槽的口香糖徒手不易取出，可以利用錐子挖除。

① 以錐子將陷入溝槽的口香糖挖除，盡量清除乾淨。

② 直接將洗碗精倒在鞋底，以鬃刷刷洗。

③ 以清水沖洗乾淨。

Ⓒolumn —— 合成皮革鞋不能直接水洗

合成皮革又稱為人工皮革，與天然皮革相比，價格較低，
但是皮革表面非常容易劣化。
一般只要經過2至3年的使用之後，
表面就會發生硬化、皸裂、發黏、剝落等劣化現象。
已經劣化的合成皮革鞋當然不能水洗，而且就算是新鞋，
只要水洗就會立即劣化，因此建議避免水洗。
合成皮的清潔與保養，基本上會使用擰得很乾的毛巾濕擦＋陰乾。
其他還有一些要留意的事項，請不要忽略了。

劣化現象舉隅

皮革硬化、皸裂、剝落都是
合成皮典型的劣化現象。

皮鞋內部因為皮革剝落而變
得破破爛爛。即使是新鞋，
只要水洗就有可能也會變成
這樣，請務必留意。

合成皮革鞋清潔要點

① 基本的清潔是濕擦＋陰乾。

② 除非是帆布鞋，否則請避免直接水洗。

③ 如果被雨水打濕，必須立刻以乾布擦去水分。

④ 長期收納之前要先陰乾。避免放在高溫潮濕、日光直射的地方。

⑤ 不要裝在塑膠袋裡收納。

正確 挑選鞋子

為 了每天都能快樂且輕便地行走，請掌握正確的方法，為自己挑選一雙好鞋吧！如果具備正確的認知，挑選的鞋子就能避免日後造成拇趾外翻等困擾。不同設計的鞋子各有不同的挑選要訣，而第一步就是先認識自己的腳掌尺寸和特徵，再進一步挑選符合雙腳的鞋子。

選購鞋子時 常犯的錯誤 —————

「腳痛到不能走路了！」、「腳被鞋子磨破皮了！」……
相信不少人都曾經有過這種經驗，
而挑選到不適合自己的鞋子，正是這一連串痛苦的開始。
本單元介紹挑選鞋子時常會犯的錯誤，選購時請留意。

大部分的人
都會挑選過大的鞋子
鞋子應該配合自己的
腳掌尺寸&特徵

鞋子太大或太小都會造成拇趾外翻、甲溝炎、槌狀趾等足部疾病。日本人腳上的小趾側面很容易抵到鞋子，因此都會傾向於挑選尺寸比自己的腳還要大的鞋子。其實每個人的腳掌尺寸和形狀差別很大，請正確地認識自己的腳掌尺寸與特徵，再來挑選一雙真正適合自己的鞋子。

避免傍晚時挑鞋
在身體狀況良好時
挑選鞋子

「有些人的雙腳到了傍晚會水腫，所以應該在傍晚時挑選新鞋比較好。」這樣的說法廣為流傳，卻不一定是事實。有時候前一天吃了許多重鹹的食物，第二天早上雙腳也會水腫。挑選鞋子時，避免處於感冒或睡眠不足的狀態，應該在身體狀況良好的時候去挑選。

尺寸表
僅供參考
一定要試穿

鞋子會依照大小而有相應的標示原則。日本製造的鞋子大多會依照JIS（日本工業規格）的標準規格標號，例如「23E」的鞋子。JIS所標示的尺寸其實是腳掌的大小，並不是鞋子本身的製作尺寸，也就是23號的鞋子，代表的是腳掌長23cm適穿的意思。

然而，鞋號的標示方式並不是只有這一套系統，有些鞋子即使是日本製造，也不一定會依照JIS的原則標號，更別說是海外製作的鞋子了。很多國家都有自己的標號方式，有些鞋號的標示也並不像日本是依照腳掌的長度，而是依照鞋子成品的大小尺寸設定標號原則。

鞋子專賣店裡的商品來源很複雜，不但有國產的鞋子，也不乏國外進口的鞋子，為了避免被不同的鞋號標示所混淆，直接試穿是最好的辦法！

鞋號相同也不能大意
沒有完全相同的鞋子

很多人會在店面的貨架上拿下試穿的鞋子，穿起來如果剛好合腳，就會向店家說：「請給我和這雙鞋子號碼一樣的新鞋。」這種情況經常發生。可是，其實每雙鞋子的成品都有微妙的差異，這種情況在皮鞋上又格外明顯。因此，鞋子買回家之前，一定要不嫌麻煩地親自試穿。

確實測量 腳掌尺寸

和臉一樣，每個人的腳掌都不同。
有些人甚至連左右腳的腳掌尺寸也不一樣。
確實地測量自己的腳掌尺寸很重要，
可以說是挑對好鞋子的第一步。

腳掌尺寸的3種數據

挑選鞋子時需要兩種數據，分別是①和③。除了自己在家測量之外，也可以到鞋店裡請專業人士幫忙測量。

③ 足圍

腳掌最寬處上下繞一圈的長度。把捲尺繞在腳掌最寬的部位上，上下繞一圈測量出來的數值就是足圍。如果依照JIS的標號系統，鞋子會以E、EEE等英文字母來表示。

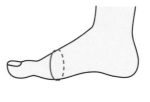

① 腳掌長

腳後跟到腳趾（最長的腳趾）端點的長度。依照JIS（日本工業規格）標號的鞋子會以「23.5」、「27」等數字來表示，測量單位是公分（cm）。

② 腳掌寬

腳拇趾根部到小趾根部之間（腳掌最寬的地方）的距離。

以專業工具測量正確尺寸

專業的鞋店會備有腳掌尺寸的測量工具，包括捲尺以及專用量尺（圖片中的右側），幫助客人測量腳掌長、腳掌寬，以及足圍。如果在家，可以自行使用捲尺和長30cm的直尺來測量。

認識3種 腳尖形狀

鞋子是否合腳還有一個很重要的判斷依據，那就是腳尖的形狀。
如果鞋子的形體與腳尖形狀不合，長期穿著就會造成足部病變。
腳尖的形狀大致可以分成3種，分別是：
埃及型、希臘型、羅馬型。
挑選鞋子時，不同的腳尖形狀各自有需要注意的事項。

典型的3種腳尖形狀

埃及型	希臘型	羅馬型

特徵

拇趾最長，依序下降，小趾最短，這是日本人最常見的腳尖形狀。

挑選鞋子的要點

如果只依據腳掌的長度挑選鞋子，很可能長度合適，但是腳小趾的側面會和鞋內裡相抵、摩擦。建議試穿尺寸大一些的鞋子，多比較，找到最舒服的鞋子。

特徵

腳食趾最長，而且和腳小趾的長度差距很大。

挑選鞋子的要點

可以直接依照腳掌的長度挑選鞋子的尺寸，而且就算是船形高跟鞋等鞋頭寬度較窄的鞋子也沒關係。

特徵

腳拇趾到腳中趾的長度幾乎一樣，而且和腳小趾的長度差距不會太大。

挑選鞋子的要點

腳小趾很容易被壓迫，建議試穿比腳掌長度大1至2號的鞋子。這種腳尖形狀不適合穿鞋頭窄小的尖頭鞋子。

選鞋攻略：
試穿鞋子應注意的事 ——

試穿時請注意以下所列出的基本要點。
鞋子穿好之後，仔細確認雙腳的感覺吧！

- ☐ 腳拇趾是否受到壓迫？
- ☐ 腳尖是否和鞋子相抵？
- ☐ 寬度是否太緊或太鬆？
- ☐ 鞋子足弓部位的弓形線合腳嗎？
- ☐ 腳踝是否能觸碰到鞋子？
- ☐ 鞋背有壓迫感或感覺深陷在鞋子裡嗎？
- ☐ 是否感覺鞋子很淺，穿著時好像很容易就鬆脫？
- ☐ 腳後跟的部位覺得寬鬆還是緊繃？

請實際穿著鞋子走一走，仔細確認上述要點。

 Type 1

船形高跟鞋 挑選方法

　　船形高跟鞋是很難挑選的一種鞋子。很
多人雙腳一穿進鞋子裡，不是擠壓到疼痛不
已，就是太鬆或太緊。由於鞋口很低，覆蓋
腳背的部分又很少，就算想依個人腳形調
整，也有相當高的困難度。

　　如果腳尖形狀屬於「希臘型」，而且腳
掌肉感十足、腳後跟圓潤飽滿，這樣的人就
很適合穿船形高跟鞋。相對地，如果是腳趾
頭長度差不多的「羅馬型」，或是腳趾甲上
翹、腳掌比較扁平、腳後跟不夠圓潤飽滿、
腳掌比較有「骨感」等，這樣的人就不適合
穿船形高跟鞋。

挑選要點

- ● 腳穿在鞋子裡是否會往前滑動？
- ● 腳的小趾根部是否會和鞋子內裡相抵？
- ● 穿鞋時，是否感覺很勉強或需要忍耐？

　　有些人即使不適合，出席正式場合的時
候，也會很堅持要穿船形高跟鞋。這個時
候，建議選擇附有束鞋帶的款式，如此一來
就能穩定腳後跟，走動時也會比較輕鬆。

Type 2

男用紳士鞋 挑選方法

如果穿著鞋頭狹長的男用紳士鞋，爬樓梯時要特別注意，避免鞋頭絆到階梯而跌倒。尤其是如果經常有機會在外飲酒，穿上這種鞋子就要更加注意安全。建議選擇鞋頭較圓的款式，如果嫌綁鞋帶麻煩，可以選擇懶人鞋款式。

如果紳士懶人鞋款（參閱右述）的腳背正上方有鬆緊帶，穿鞋之前請先確認鬆緊帶的長度。最理想的狀態是，穿上鞋子之後，鬆緊帶會拉伸5mm，幫助穩定腳後跟，行走時會較舒服、安全。有些鞋子採鞋帶設計，同樣可以包覆腳背、穩定腳後跟。

懶人鞋款（SLIP-ON）是什麼？

穿著這種鞋款時，雙腳直接滑進鞋子裡即可，所以才被稱為「懶人」，也有人稱之為「休閒鞋」。通常沒有鞋帶、皮帶扣、鈕釦等設計，腳背部位藉由鬆緊帶固定。只要腳尖滑進鞋頭裡，就能輕鬆穿好鞋子，「方便」就是它的魅力所在。

Type 3

裸跟鞋 挑選方法

由於腳後跟沒有包覆，如果鞋子上也沒有固定的皮帶扣，長時間穿著走路會很容易疲累，不適合久穿。如果選擇的鞋款能夠包覆大部分的腳掌，腳後跟的部位也有固定帶的設計，這樣的裸跟鞋就會比較好穿，走路比較不會累。

Type 4

淺口鞋

挑選方法

模仿芭蕾舞鞋設計的鞋款，鞋口寬、鞋頭短，穿著時可以看見腳趾根部。穿這種鞋子的時候，由於腳後跟很容易鬆脫，大部分的人都會選擇比較緊一些的尺寸，讓腳趾可以剛好抵著鞋頭，但是，這樣子很容易造成足繭和起水泡。建議試穿的時候，注意腳趾不要緊緊地抵著鞋頭，腳後跟也不容易鬆脫，選擇一雙適合自己的鞋子。

Type 5

涼鞋 挑選方法

穿著涼鞋行走時，腳掌很容易就會往前滑動，所以選購時請確認涼鞋墊的弓形線必須符合足弓，而且腳尖和腳後跟不可超出鞋墊太多。站立的時候，腳後跟的線條不可超出鞋墊或鞋跟3mm，腳尖部位的鞋墊長度也應該要有5mm的緩衝區。

Type 6

運動鞋 挑選方法

運動鞋製作的尺寸原則
與皮鞋不同，
挑選時，
請勿直接以皮鞋尺寸挑選！
最保險的方式就是試穿。

　　皮鞋的設計主要是為了一般行走時所穿，鞋頭會保留10至20mm的緩衝距離；運動鞋的設計則必須能夠支撐劇烈的運動，製作上要求合腳，腳會有一點兒被勒住的感覺，不只平時可以穿，甚至在比賽場上也要能夠安全穿著，所以不能以挑選皮鞋的原則來挑選運動鞋。

　　以女性而言，如果皮鞋尺寸是23cm，運動鞋就挑選23cm或23.5cm的大小；以男性而言，如果皮鞋尺寸是25cm，運動鞋就挑選25.5cm或26cm的大小。

請穿著運動襪試穿運動鞋

　　根據運動項目不同，運動鞋有各式各樣的類型，襪子也是琳瑯滿目。試穿運動鞋的時候，請穿上該運動項目的專用襪，確認實際穿著走路的感覺。

繫牢鞋帶，
以正確的方式穿鞋

　　運動鞋與皮鞋不同，不但更重視合腳，也很重視穿鞋的方法。整個腳後跟穿進鞋子之後，以腳後跟敲敲地面。如果有鞋帶或魔鬼氈，必須確認牢牢地固定之後才能穿著鞋子走路。

Type 7

短靴 挑選方法

　　短靴的鞋口較寬，靴身的高度可以蓋過腳踝。因為能夠完整包覆整個腳背，包覆感良好，有效減輕腳掌和腳趾的負擔，可以說是最受推薦的鞋款。試穿時，只要按照P.90的基本要點進行確認與挑選即可。

Type 8

長筒靴 挑選方法

　　挑選時必須特別檢查腳踝以上的部位。靴筒的粗細與形狀必須合腳，蹲下時膝蓋後窩不可碰到靴子的鞋口邊緣。

　　試穿長筒靴時，腳後跟應被完整地包覆起來，走路時腳背、腳後跟、腳踝全部都不可輕易搖晃或錯位移動，腳掌也不可輕易地就往前滑動。

Type 9

跑步鞋 挑選方法

配合目的挑選鞋子，
試穿時應穿上襪子

挑選跑步鞋之前，應該先弄清楚穿著的目的。跑步的地方是平地還是山路？長跑還是短跑？……不同的目的就有不同的挑選要點。不論是哪一種跑步鞋，都必須同時兼具吸汗、防水、不容易悶腳這些機能。試穿之前，請先穿上跑步時會穿的襪子，才能確認實際穿著的感覺。

適用於平地的跑步鞋

注意鞋底須有止滑功能，且氣墊機能佳。鞋身應輕盈不笨重，腳後跟周圍的部位要堅固，與腳趾根部接觸的部位應柔韌且容易彎曲——這樣的跑步鞋不但穿脫容易，也能讓你舒適地跑出每一步。

適用於山路的跑步鞋

整體要製作得很結實，講究受力強度和重量感，幫助在起伏較大的地面上跑步。鞋底的凹凸感要很明顯且強韌，類似登山鞋的鞋底材質，如此一來，就算踩到石頭、岩石和樹根也不會對腳掌造成傷害。建議選擇高筒型的跑步鞋，能夠保護到整個腳踝。

 Point ── **年長者挑選鞋子以不容易跌倒為主**

年長者挑鞋子的重點在於「預防跌倒」，以免造成骨折。請選擇鞋頭不會絆到地面的鞋子。鞋頭形狀接近腳尖形狀（參見P.89）最為理想，鞋身應可包覆整個腳踝，而且應有鞋帶或魔鬼氈設計，幫助調整穿著的鬆緊度。試穿時，建議同步參考右列的挑選要點。

●鞋頭的緩衝空間盡量短一些，但也要避免走路時腳趾抵著鞋尖部位造成不適。
●鞋尖離地、不貼地，而且不會向前突出。
●鞋底平坦且止滑，踩踏的部位要有足夠的韌性。
●鞋後跟周圍有填料，可以防震且穩固腳掌。
●鞋跟須有緩震設計。

想必不少人都曾經走路走到想把鞋子脫掉——
再也沒有比一直穿著緊繃的鞋子更痛苦的事了！
為了避免出門在外被太緊的鞋子折騰，
建議使用專業的擴鞋器來調整鞋子的鬆緊度。
擴鞋器不能改變鞋子的長度，
但是可以稍微拉伸寬度，改善緊繃感。

使用擴鞋器
慢慢延展皮革

轉軸　　握把

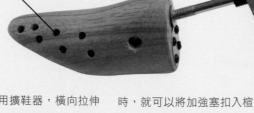

檀頭上有很多小孔，這是為了插入特殊延展所需的輔助零件（加強塞）

木枕（用來抵住鞋後跟）

可以利用擴鞋器，橫向拉伸紳士鞋、船形高跟鞋、跑步鞋等鞋子的鞋頭部位。一般都會附有加強塞，如果因為拇趾外翻或其他特殊狀況，需要在特定部位加強延展時，就可以將加強塞扣入檀頭上的小孔中。分有女用、男用，同時也有各種尺寸。如果想要拉伸長筒靴的寬度，建議使用附有長柄的長筒靴專用擴鞋器。

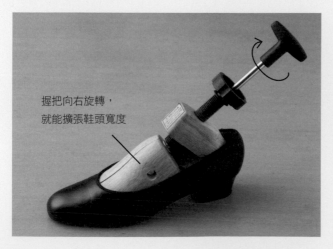

握把向右旋轉，
就能擴張鞋頭寬度

圖中擴鞋器的使用方法不難，將擴鞋器放入鞋內，木枕貼緊鞋後跟，轉軸朝右轉動。如果進一步向右旋轉握把，檀頭會朝左右打開，藉此可以擴張鞋頭寬度。當鞋背上的皮革或布面呈現緊繃狀態時，請停止繼續打開檀頭。將調整好的擴鞋器靜置於鞋內，一天之後即可取出。

※擴張皮鞋時，如果握把一次旋轉太多圈，皮革有可能被撐破！請務必慢慢拉伸鞋寬。

C olumn —— **讓鞋子更好穿的小道具**

腳掌的形狀因人而異，
要尋找一雙完全吻合腳形的鞋子可說是難上加難，
如果懂得巧妙地使用一些小道具，就能讓鞋子變得更好穿。
市面上有各式各樣的輔助用具，
除了可以調整鞋墊的形狀之外，
當鞋子變鬆的時候，也有好用的小物可以補救喔！

貼在鞋舌上	放在鞋頭的鞋墊上	固定在整面鞋墊上

 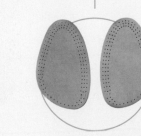 

如果皮鞋的鞋背內裡摩擦腳背造成疼痛，或是腳背的地方太過寬鬆，就可以貼上這個作為緩衝。

使用天然柔軟羊皮製成的鞋頭貼片。如果腳掌寬比較窄小，或腳背瘦、足圍小，可以使用鞋頭貼片來微調鞋內的空間。

當鞋子太寬鬆想縮小鞋內空間時，可以加一塊這種鞋墊。有些鞋墊會加強足弓部位的設計，具有較高的機能性。

國家圖書館出版品預行編目資料

一流の養鞋術：挑選×清潔×修護×收納・日本養鞋
達人獨家傳授！/ 安富好雄監修. 黃盈琪譯
-- 初版. -- 新北市：美日文本文化館出版：悅智文化發
行, 2018.03
　面；　公分. --（生活書；06）
ISBN　978-986-93735-5-5(平裝)

1.鞋

423.55　　　　　　　　　　107001377

生活書　06

挑選×清潔×修護×收納・日本養鞋達人獨家傳授！
一流の養鞋術

作　　　　者／安富好雄	
譯　　　　者／黃盈琪	
發　行　人／詹慶和	
總　編　輯／蔡麗玲	
執　行　編　輯／李宛真	
編　　　　輯／蔡毓玲・劉蕙寧・黃璟安・陳姿伶・李佳穎	
執　行　美　術／韓欣恬	
美　術　編　輯／陳麗娜・周盈汝	
出　版　者／美日文本文化館	
發　行　者／悅智文化事業有限公司	
郵 政 劃 撥 帳 號／19452608	
戶　　　　名／悅智文化事業有限公司	
地　　　　址／新北市板橋區板新路206號3樓	
電　子　信　箱／elegant.books@msa.hinet.net	
電　　　　話／(02)8952-4078	
傳　　　　真／(02)8952-4084	

2018年3月初版一刷　定價350元

KUTSU NO OTEIRE SHIN-JOSHIKI
supervised by Yoshio Yasutomi, edited by NHK Publishing,
Inc.
Copyright © 2016 NHK Publishing, Inc.
All rights reserved.
Original Japanese edition published by NHK Publishing, Inc.

This Traditional Chinese edition is published by arrangement
with NHK Publishing, Inc., Tokyo in care of Tuttle-Mori
Agency, Inc., Tokyo through Keio Cultural Enterprise Co., Ltd.,
New Taipei City.

經銷／易可數位行銷股份有限公司
地址／新北市新店區寶橋路235巷6弄3號5樓
電話／(02)8911-0825　　傳真／(02)8911-0801

＊Staff

設計師／野本奈保子（ノモグラム）
　　　　北田進吾（キタダデザイン）
　　　　佐藤江理（キタダデザイン）
攝影／キッチンミノル、成清徹也
插圖／平田利之、ヒツダキヨミ
電子排版／田中 楽、
　　　　　田中佑加子（ドルフィン）
活動助理／伊藤友希子、丸山秀子
編輯協力／北村文枝
協力製作／NHKプラネット近畿総支社

攝影暨取材協助者／
渡部保子（リフォームスタジオ株式会社）
http://www.reform-s.com
一般社団法人足と靴と健康協議会（FHA）
http://fha.gr.jp